U0342252

普通高等教育"十四五"规划教材

环境与健康风险评价

Environment and Health Risk Assessment

主编 单长青 李 田

北 京
冶 金 工 业 出 版 社
2023

内 容 提 要

　　本书共8章，主要内容包括环境与健康、水污染与健康风险评价、大气污染与健康风险评价、室内空气污染与健康风险评价、土壤污染与健康风险评价、固体废物与污染损失、物理性污染与健康风险评价、食品污染与健康风险评价等，每章均引入大量案例和最新研究成果，目的是培养学生应用理论知识解决专业问题的能力，激发学生的科研兴趣。

　　本书可作为环境工程、环境科学专业本科生和研究生的教材，也可供环境风险评价领域的科研工作者使用和参考。

图书在版编目（CIP）数据

　　环境与健康风险评价/单长青，李田主编 . —北京：冶金工业出版社，2023.1

　　普通高等教育"十四五"规划教材

　　ISBN 978-7-5024-9359-2

　　Ⅰ.①环… Ⅱ.①单… ②李… Ⅲ.①环境影响—健康—研究 Ⅳ.①X503.1

　　中国国家版本馆 CIP 数据核字（2023）第 022676 号

环境与健康风险评价

出版发行	冶金工业出版社	**电　话**	(010)64027926
地　址	北京市东城区嵩祝院北巷 39 号	**邮　编**	100009
网　址	www. mip1953. com	**电子信箱**	service@ mip1953. com

责任编辑　高　娜　美术编辑　彭子赫　版式设计　郑小利
责任校对　葛新霞　责任印制　禹　蕊
北京富资园科技发展有限公司印刷
2023 年 1 月第 1 版，2023 年 1 月第 1 次印刷
880mm×1230mm　1/32；5.75 印张；167 千字；170 页
定价 35.00 元

投稿电话　(010)64027932　投稿信箱　tougao@cnmip.com.cn
营销中心电话　(010)64044283
冶金工业出版社天猫旗舰店　yjgycbs. tmall. com
（本书如有印装质量问题，本社营销中心负责退换）

前　言

随着社会的发展，环境问题愈发突出，环境污染最终降低了人们的生活质量，影响人们的健康，威胁人们的生存，为研究和解决环境问题，环境学科应运而生。经过几十年的发展，环境学基本理论不断得到完善，环境污染的机理及治理技术日趋成熟。本书是作者在长期从事环境污染评价研究的基础上参考有关文献资料撰写而成的，书中以环境与健康之间的关系作为出发点，详细阐述了环境污染对人体健康产生的不利影响，并提供了大量的健康风险评价模型。

本书共分8章，第1章介绍了环境问题产生的历程以及全球环境问题对人类生命健康的影响；第2章介绍了水污染及其危害，详细阐述了饮用水和再生水回用的风险评价模型，以及水污染损失的估算和风险控制途径；第3章介绍了大气污染及其危害，阐述了大气污染风险评价和污染损失的模型，提出了大气污染防治措施；第4章介绍了室内空气污染、健康风险评价及其控制的基本内容；第5章介绍了土壤污染、健康风险评价及其控制的基本理论；第6章介绍了固体废物处置及污染损失；第 7 章介绍了物理性污染及其危害，阐述了污染损失的估算方法和风险评价方法；第 8 章介绍了食品污染及其危害，阐述了其健康风险评价的基本方法。本书在编写的过程中，引入了大量的案例，提供了几种健康风险评价的部分例题，供学生练习和巩固基本知识，帮助学生学会风险评价模型的应用。

本书得到滨州学院环境工程一流专业建设项目的资助，滨州职业学院的孙金芳老师编写了本书第 1 章及其他章节的案例资料，滨州市恒标环境咨询有限公司的李凯为本书的编写提供了大量素材并参与了第 8 章内容的编写，滨州学院李学平、张再旺、刘娟娟、邹美玲等老师提供了多年的教学和研究资料，另外，本书还参考了大量的文献资料，在此对有关老师和文献作者一并表示感谢！

本书编写历经两年多时间，花费了大量的精力，鉴于作者水平有限，疏漏和不妥之处在所难免，敬请读者批评指正。

作　者
2022 年 5 月于滨州学院

目　　录

1 环境与健康

随着社会经济的发展，出现了诸多生态环境问题，对人类赖以生存的地球环境产生了极大的影响，威胁着人类的健康。

1.1 环境问题的产生

环境问题的出现是伴随着生产力的发展而产生的，在生产力发展的不同阶段，环境问题也存在着各自的特点。纵观人类社会的整个发展历史，可分为原始文明、农业文明、工业文明和生态文明四个阶段。

1.1.1 原始文明阶段

在原始文明阶段，居民依靠简单的采集和渔猎从大自然获取生活物质，生产力低下，对自然界的改造有限，人们能够通过简单的工具和畜力开展小范围的生产劳动（见图 1-1），对环境产生的影响很小。

图 1-1 原始文明阶段

尽管局部地区自然资源不足,但这一时期地广人稀,自然界已有物质完全能满足人们的需求,因此人类活动并未对环境造成实质性的危害。

1.1.2 农业文明阶段

在农业文明阶段,人们开始固定农田耕地,逐渐定居下来,交通工具主要是人力、畜力,对自然环境的影响依然很小(见图1-2)。随着金属农具的出现以及生产力的发展,人们开始通过砍伐森林来获得耕地和木材,对生态环境造成一定的影响,局部出现了较轻的环境问题,但还没有对人类的生存生活产生较大影响。

图 1-2 农业文明阶段

1.1.3 工业文明阶段

蒸汽机的出现标志着人类进入了工业文明阶段,社会化、机械化的工业生产模式促使社会生产力得到充分的解放,劳动生产率大幅度提高,人类开始大肆攫取自然资源,环境问题逐渐加重,出现了一系列全球性环境问题(见图1-3),发生了一系列的环境公害事件,如伦敦烟雾事件、洛杉矶化学烟雾、多诺拉烟雾事件、水俣病事件、骨痛病事件等,对人们的健康产生了很大的危害,人类开始认识到环境问题的严重性。这一阶段产生的最为严重的环境问题包括温室效应、酸雨、臭氧层破坏、资源耗竭、能源短缺、生物多样性减少和大规模的生态破坏等，环境问题已经超越了国界而成为全球无法回避的共同问题。工业文明阶段是以人类征服自然为主要特征，但发展带来的这些全球问题导致我们赖以生存的地球已无力支撑工业文明的进一步发展，人们开始反思工业文明阶段的发展模式，开始寻求更好的经济发展模式，生态文明应运而生。

图 1-3　工业文明阶段

1.1.4　生态文明阶段

　　20 世纪 70~80 年代，随着全球性环境问题的加剧、能源危机的冲击，人们开始讨论"增长的极限"，1972 年 6 月，联合国在斯德哥尔摩召开第一次"人类与环境会议"，通过了《人类环境宣言》。1983 年 11 月，联合国成立了世界环境与发展委员会，1987 年该委员会在《我们共同的未来》中正式提出可持续发展的模式。1992 年联合国环境与发展大会通过《21 世纪议程》，高度凝结了可持续发展的基本理论。可见，生态文明的提出是人们对可持续发展深化认识的必然结果。

　　生态文明是以人与自然、人与人、人与社会和谐共生，良性循环，全面发展，持续繁荣为基本宗旨的社会形态（见图 1-4）。生态文明是人类为保护和建设美好生态环境而取得的物质成果、精神成果和制度成果的总和，是贯穿于经济建设、政治建设、文化建设、社会建设全过程和各方面的系统工程，反映了一个社会的文明进步状态。

生态文明是一种崭新的人类文明形态，它以尊重和维护自然为前提，以建立可持续的生产方式和消费方式为内涵，引导人们走上持续、和谐的发展道路。生态文明是人类对传统文明形态特别是工业文明进行深刻反思的成果，是人类文明形态和文明发展理念、道路和模式的重大进步。

图 1-4　生态文明阶段

1.2　全球环境问题

工业文明时期出现的严重的环境问题主要包括全球变暖、臭氧层破坏、酸雨、水资源危机、能源短缺、生物多样性减少等诸多方面。

（1）全球变暖。也称为"温室效应"，是指大气中温室气体含量的增加导致全球气温逐年升高的现象，如图 1-5 所示。近 100 多年来，全球平均气温经历了冷—暖—冷—暖两次波动，总体上呈现上升的趋势。进入 20 世纪 80 代后，全球气温明显升高，1981～1990 年全球平均气温比 100 年前上升了约 0.48℃，全球气温的升高会带来冰川和冻土消融、海平面上升、生物多样性减少、微生物变异等生态环境问题，破坏自然生态系统的平衡，影响人们的健康，甚至威胁人类的生存。

（2）臭氧层破坏。距离地面 20～30km 的平流层里存在着一个臭

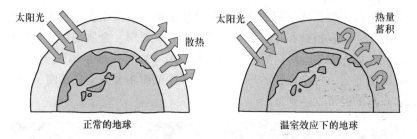

图 1-5 温室效应

氧层（O_3），臭氧含量占这一高度气体总量的十万分之一，它具有强烈的吸收太阳紫外线的能力，能阻挡过多的太阳紫外线辐射对地球生物的伤害，保护地球生命的安全。人类生产和生活释放的一些物质如氟氯烃类化合物、氟溴烃类化合物等能够破坏臭氧层，如图 1-6 所示。1994 年，人们已经发现南极上空的臭氧层破坏面积已达 $2.4 \times 10^7 km^2$，南极上空 20 亿年形成的臭氧层一个世纪就被破坏了 60%，北半球上空的臭氧层也在变薄。臭氧层的破坏导致到达地表的太阳紫外线辐射增强，威胁着地球生物的生存。

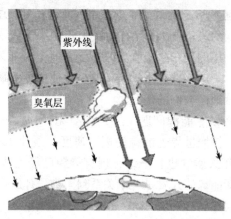

图 1-6 臭氧层破坏

（3）酸雨。酸雨是指空气中的二氧化硫（SO_2）和氮氧化物

（NO$_x$）等酸性气体引起的 pH 值小于 5.6 的降水，而这些酸性气体主要是来自人类长期使用的化石燃料产生的废气。酸雨会导致土壤和水体酸化，地表植被和生态系统被破坏，建筑材料、金属结构和文物被腐蚀，如图 1-7 所示。酸雨在 20 世纪 50~60 年代最早出现于欧洲，逐渐演变为一种全球性的环境问题。我国酸雨主要发生在西南、华南和东南的经济发达地区。

图 1-7　酸雨的危害

（4）水资源危机。地球表面 2/3 被水覆盖，但 97% 是海水，无法直接饮用，淡水只占 3%，仅有的淡水资源中又有 2% 封存于极地冰川之中，可利用的 1% 的淡水资源还存在时空分布不平衡的问题，同时还伴随着水资源浪费和水污染问题，致使世界上缺水现象较为普遍，影响着部分地区人们的生存。

（5）能源短缺。能源问题主要是人类无计划、不合理地大规模开采利用所致。按照世界上能源的消费速度，预计 2040 年石油将出现枯竭，2060 年天然气也将终结，现有能源已经无法满足未来的生产生活需求。新能源的开发是一个关系到人类子孙后代命运，刻不容缓急需解决的问题。

典型的环境问题还包括环境污染、土壤沙化和盐碱化、生物多样性减少等，不再一一介绍，下面介绍全球变暖对人类健康的影响。

1.3 全球变暖与人类健康

据英国《每日电讯报》报道，2017 年全球 CO_2 平均浓度达到 0.0406%，世界气象组织称，这个增长率已经达到 5500 万年来的最快速度。联合国气候变化专家委员会指出：人类活动造成大量温室气体逸入大气层，这将会加速全球变暖，如果让 CO_2 的排放量继续增加，预计到 2030 年全球平均气温将上升 3℃，这将给人类带来不可逆转的危害，后果无法想象。

1980~2018 年全球碳排放量见图 1-8，可以看出自 1980 年以来，全球碳排放量虽然在一些年份有过短暂的降低，但总体上呈现持续增加的趋势，对碳排放量的控制仍然是今后的重点工作。

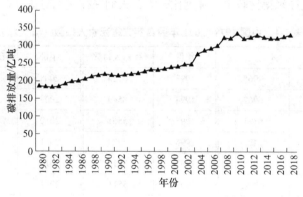

图 1-8 1980~2018 年全球碳排放量

世界卫生组织（WHO）认为，全球气候变暖是 21 世纪人类健康面临的最大挑战，气候变暖正通过自然灾害、高温热浪、流行性疾病等形式威胁着人们的健康，造成相关疾病发病率和死亡率的增加。

1.3.1 自然灾害

气候变暖会导致海平面不断升高，部分沿海地区、岛屿将面临被淹没的风险，台风的发生频率增加，导致人们的生命健康遭到严重威胁。全球气温的升高增加了森林火灾发生的概率，破坏了区域生态环境，威胁着当地居民的安全，森林面积的减少还会导致其对大气中二氧化碳的吸收能力降低，森林燃烧还向空气中释放更多的二氧化碳，陷入恶性循环的怪圈。气候变暖导致部分地区严重干旱，植物生长受到威胁，农作物减产，生物多样性减少，同时热带雨林面积在减少，地区生态系统遭到破坏，这些环境问题的出现使人们的生活质量降低，人们的生存和健康也遭受到严重的威胁。全球变暖能改变一个地区不同物种的适应性，以及生态系统内部不同种群的竞争力，一些动植物可能因无法适应这种气温升高的现象而做出适应性转移，影响了部分物种的生存。

全球变暖使得许多地区出现飓风、旱涝灾害等，统计部门统计了我国 1978~2021 年因自然灾害死亡的人数，见表 1-1。自然灾害对人们的影响往往来得比较急，强度比较大，人们往往毫无防备，束手无策。

表 1-1   中国 1978~2021 年因自然灾害死亡人口数（含失踪）   （人）

年份	死亡人口数	年份	死亡人口数	年份	死亡人口数
1978	4965	1993	6125	2008	88928
1979	6962	1994	8549	2009	1528
1980	6821	1995	5561	2010	7844
1981	7422	1996	7273	2011	1126
1982	7935	1997	3212	2012	1530
1983	10952	1998	5511	2013	2284
1984	6927	1999	2966	2014	1818
1985	4394	2000	3014	2015	967
1986	5410	2001	2583	2016	1706
1987	5495	2002	2840	2017	979
1988	7306	2003	2259	2018	589
1989	5952	2004	2250	2019	909
1990	7338	2005	2475	2020	591
1991	7315	2006	3186	2021	867
1992	5741	2007	2325		

慕尼黑再保险公司发布报告：2018 年全球大约有 10400 人死于自然灾害，这远远低于过去 30 年的年平均死亡人数 53000 人，2018 年全球所有自然灾害的总损失为 1600 亿美元，高于 1400 亿美元的长期平均水平，人命损失最大的灾难是 9 月 9 日袭击印度尼西亚的地震和海啸，造成 2100 多人死亡。

1.3.2 高温热浪

高温热浪是指天气持续保持过度的炎热，可伴随很高的湿度。由于海洋水温升高，极端气候现象发生频繁，高温热浪的频率和强度增加，洪涝干旱、城市热岛现象更加显著。例如夏干冬湿的地中海气候，热浪可以增加高温引起死亡的人数，尤其是老年人的发病率和死亡率更高。美国库克郡医学鉴定办公室（Cook County Medical Examiner's Office，CCMEO）1995 年 1 月在芝加哥的调查数据显示，34~40℃的气温持续 5 天后，死亡率增加了 85%，至少 700 例死亡直接与气温上升有关。

1955 年夏季洛杉矶持续 7 天的热浪导致当地 65 岁以上老人的死亡人数增加了 5.3 倍，1995 年美国伊利诺伊州发生了一次灾难性热浪，24h 平均气温为 87.2 华氏度，其中有两天达到 100 华氏度以上，近 700 人死于心脏病和严重脱水。2003 年夏季，欧洲的热浪使得英国、法国和德国的最高气温记录被刷新，法国巴黎气温每日持续在 37℃以上，甚至达 40℃，法国热浪期间的超额死亡数为 11435 人。美国 1987~2005 年发生在 43 个地区的热浪与非热浪天气相比，非意外死亡的日平均风险增加 3.47%。

1998 年，我国的上海经历了比较严重的热浪，热浪期间的总死亡人数可达非热浪期间的 2~3 倍，65 岁以上的老年人死亡率增加更加明显，热浪对婴幼儿的威胁也很大。2003 年热浪对上海市居民死亡率影响的研究表明，热浪期与非热浪期相比，居民总死亡风险增加 13%，心脑血管死亡风险增加 19%，呼吸道死亡疾病风险增加 23%。上海 1980~1989 年的研究结果表明，当夏季气温超过 34℃，死亡率急剧上升，葡萄牙、日本、加拿大、埃及等国进行的类似研究也发现有相同的规律。梁超轲的研究表明，1988 年是武汉热浪年，7 月、8 月的死因中，中暑列为第 5 位。1988 年 7 月，南京热浪高温达 36~38.5℃，每日 31~38℃的气温维持 13h，7 月 4~20 日持续高温，共发生中暑 4500 例，其中重症中暑 9.2%，且以 60~79 岁年龄组居多。1987 年 7 月，希腊因热浪作用，有一千多人因中暑死亡。李永红等人研究得出武汉 2003 年夏季高温期超额死亡人数为 505 人，占该年夏季总死亡数的 11.4%，死亡率明显增加的日最高气温临界值是 36℃，单位温度死亡危险度为 3.995/100 万。

1.3.3　全球变暖对疾病流行的影响

全球变暖会使一些新的物种（细菌、病毒等）出现，改变传染病病原体的存活、变异、媒介昆虫滋生分布以及流行病学的特征，会对某些传染性疾病的传播起到推波助澜的作用。世界卫生组织一份研究报告证实，在过去的 20 年里至少有 30 种新的传染病出现，有专家认为：随着全球变暖和冰川融化，隐藏在冰川中的古老病毒将有可能被释放出来。许多传染性疾病属于温度敏感型，全球变暖使传染性疾病的流行范围扩大，导致某些传染性疾病的传播和复苏。

童世庐等人认为全球气候变化影响虫媒传染病的传播，受气候变化影响较大的虫媒传染病包括疟疾、血吸虫病、登革热和其他虫媒病毒性疾病。疟疾是全球流行最严重的虫媒传染病。全世界有 1/20 的人口患有疟疾，每年有 3 亿 5000 万新病例，约 200 万人死于该病。疟原虫一般在 16℃以下难以存活，所以疟疾分布有地区性，温度可直接影响疟原虫的生长和蚊虫的生命周期。1987 年，疟疾在卢旺达大流行，主要原因是气温升高和连续下雨。气温可影响血吸虫和钉螺的生长发育、繁殖和死亡，一般在 9℃以下的低温，血吸虫感染不会发生，气温在 24~27℃时，血吸虫感染率可达最高，但气温达到 39℃或以上时，可造成钉螺死亡，血吸虫感染率反而下降。据数学模型预测，到 2050 年，由气候变化而增加的血吸虫病例数可高达 500 万。每年全球有 25 万到 50 万登革热病例，登革热主要分布在热带地区，全球变暖可使登革热分布范围进一步扩大。流行病学研究表明：气温是影响登革热传播的重要因素，气温升高时，病毒在蚊虫体内的潜伏期缩短，蚊虫叮咬人群的频率加快。

气候变化可影响水传播疾病。气候变化和环境恶化可引起霍乱暴发流行。自 1817 年至今，世界性霍乱大流行计 8 次，前 6 次起源于印度，病原体为古典型霍乱弧菌，主要局限于亚洲。第 7 次霍乱大流行于 1961 年起源于印度尼西亚的苏拉威西岛，位于该岛的 ELTor 型霍乱，逐渐蔓延扩大到亚洲大部分国家以及中东、非洲和欧洲等部分国家。第 8 次大流行起源于非洲，然后逐渐蔓延到南美洲。1991 年 10 月，赤潮在智利引起三百多例贝类海产品中毒，造成 11 人死亡，并同时在拉美国家引起霍乱流行。

有研究表明全球变暖可导致传染病病原体的存活变异、动物活动区域的变迁，温带气候的逐渐变暖促使感染或携带病原体的啮齿类动物的分布区域扩大，导致传染病区扩散。全球变暖可能引起水质恶化或洪水泛滥，进而引发一些疾病的传播。居住环境变化、水资源短缺、卫生条件差以及人的抵抗力下降，为霍乱、痢疾等水媒传染疾病的传播创造了条件。贺淹才报道了 20 世纪 90 年代的不良气候导致一些新的啮齿类动物媒介病出现，如致死性的"汉塔病毒（hantavirus）肺病综合征"，人吸入藏在啮齿动物分泌物或排泄物中的病毒可患上该病。美国 1993 年持久干旱后又遭遇大暴雨，啮齿动物因有足够的食物（蚱蜢、蝗虫、矮松果子）而大量繁殖，许多动物携带活动的或暂时不活动的病毒，到人类居住区觅食，将疾病传染给当地居民。

高温天气给病毒创造了适宜的生长环境，蚊子、扁虱、老鼠等携带疾病的生物愈发繁盛。世界卫生组织声称，新生的或复发的病毒正在迅速传播中，它们会生存在跟以往不同的国家中，一些热带疾病也可能在寒冷的地方发生，比如蚊子就使加拿大人感染了西尼罗河病毒，每年大约有 15 万人死于跟气候变化相关的疾病。

气候变暖为动物传播疾病病原体的存活变异提供了温床。随着气候的变暖，病原体将突破其寄生、感染的分布区域，形成许多新的传染疾病。动物病原体与野生或家养动物之间也有可能产生基因交换，致使病原体发生变异，人体的免疫系统无法将其清除，从而引起新的传染病，导致发病率和致死率增加，严重危害人们的健康，比如候鸟迁徙、家禽传播的禽流感、奶牛传播的疯牛病、流感病毒等都随着全球变暖的趋势有进一步恶化的趋势。

气候变暖可使空气中某些有害物质，如真菌孢子、花粉和大气颗粒物随温度和湿度增高而浓度增加，使人群中患过敏性疾病（如枯草热、过敏性哮喘）和其他呼吸系统疾病的发病率增加。伴随气候变暖，真菌繁殖速度加快，花粉数量增多，并且有向北推移的趋势，因此全球变暖导致的过敏性疾病对人类健康产生的影响不容忽视。

气候变暖会导致病原体突破原有的寄生、感染分布区域，形成新的传染病病原体。据世界卫生组织的报告，在过去 20 年至少新出现 30 种新的传染病，各种新传染病病毒的出现是人类活动破坏生态环境、气候变暖扰乱了病毒巢穴的结果。一些原本寄居在野生动物身上，活动于封闭世界的未知病毒，由于人类活动的干扰而被释放出来，传染到人的身上。新病原体引起的传染病对人类影响最具危害性，因为人们对新病原体的认识有一个过程，不能很快找到治疗的药物，导致较多的人发病甚至死亡。例如，1976 年首次爆发的军团菌引起的 221 例病例中，死亡 34 人，死亡率高达 15.6%。

气候变暖会导致冬季变暖而夏季更热，有利于病菌及病媒昆虫的生存，并加快其繁殖速度。如恶性疟原虫在 37.8℃ 下繁殖周期是 26 天，而在 42.8℃ 下，繁殖周期为 13 天，缩短 1 倍。在英国，冬季气温上升，导致鼠类繁殖期延长，从而使鼠类数量大大增加，引起钩端螺旋体病和由蜱传播的莱姆病流行。在地势较高的地区，高温可以增加疟疾的传播，如卢旺达和乌干达高地因高温伴随暴雨使疟疾发病率增加。另外，我国由于气候变暖可使钉螺向北方地区扩散，进而对我国血吸虫病传播构成潜在影响。20 世纪 90 年代起钉螺分布区域出现了明显向北逐渐扩大，这与全国平均气温在 20 世纪 80 年代后期已出现升高趋势一致，表明气温升高可能导致全国钉螺分布面积的增加。

2 水污染与健康风险评价

2.1 水资源和水质指标

水是人们生活所必需的一种资源，水质的好坏直接影响人们的健康，和人体健康密切相关的主要是饮用水，下面介绍一下水资源以及水质指标。

2.1.1 水资源

水资源是指可利用或有可能被利用的水源，应具有足够的数量和合适的质量，并满足某一地方在一段时间内具体利用的需求。根据全国科学技术名词审定委员会公布的水利科技名词中有关水资源的定义，水资源是指地球上具有一定数量和可用质量，能从自然界获得补充并可利用的水。水资源在自然界中时时刻刻进行着形态的转变和循环流动，自然界中水的循环如图 2-1 所示。

水是人们生活、生产必需的资源，人们从自然界中（水库、湖泊、河流等）获取水资源后，首先进行处理，去除其中的颗粒物和其他杂质，供生活和工业生产。产生的污水和废水经过处理后回用或排入水体，经过蒸发和降水返回地表，人们再进行取水，如此循环。水的社会循环如图 2-2 所示。

2.1.2 水质指标

水资源短缺影响着地区的供水，而水资源的质量则影响着人们的健康，水中的有毒有害物质直接或间接进入人体后，会引起各种疾病的发生。为了保障人们的饮用水安全，国内外制定了一系列的水质标准，并不断地修订和完善，下面简要介绍这些国内外标准的修订过程。

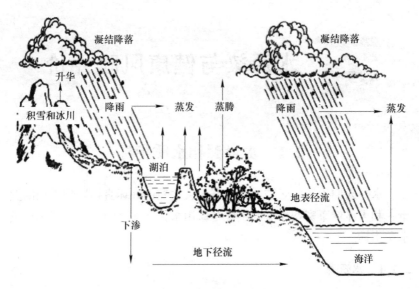

图 2-1 自然界中水的循环

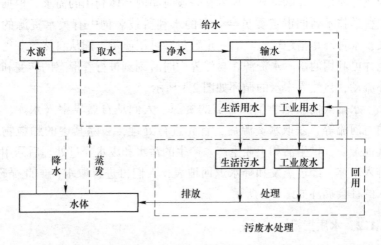

图 2-2 水的社会循环

2.1.2.1 世界贸易组织（WTO）水质标准

1958 年、1963 年、1971 年，世界贸易组织（WTO）分别发布了

3 版《饮用水国际标准》。

1983~1984 年，《饮用水水质准则》第 1 版出版，规定了 31 项水质指标。

1993~1997 年，《饮用水水质准则》第 2 版出版，规定了 157 项水质指标，1995 年起不断修订和更新，定期出版附录。

2004 年，《饮用水水质准则》第 3 版出版，包含 25 项致病微生物指标、143 项化学指标、3 项放射性指标、30 项感官性状指标。该版本是我国《生活饮用水卫生标准》（GB 5749—2006）制定的主要参考依据。

2011 年，《饮用水水质准则》第 4 版出版，列出了 28 项致病微生物指标、162 项化学指标、2 项放射性指标、26 项感官性状指标。

2017 年，《饮用水水质准则》第 4 版完成了第 1 次修订。

2.1.2.2 美国水质标准

1914 年，美国《公共卫生署饮用水水质标准》出版，并进行了四次修订。

1974 年，美国国会通过《安全饮用水法》，分别于 1986 年和 1996 年进行了两次修订，同时赋予 USEPA 制定饮用水水质标准的权力。

1975 年，USEPA 发布强制性的《国家饮用水一级标准》（NPDWRs）。

1979 年，USEPA 发布强制性的《国家饮用水二级标准》（NSDWRs）。

1998 年，USEPA 发布了 CCL1，列出了 60 种污染物候选指标。

2005 年，USEPA 发布了 CCL2，列出了 51 种污染物候选指标。

2009 年，USEPA 发布了 CCL3，列出了 116 种污染物候选指标。

2015 年，USEPA 给出了 CCL4 的候选名单建议稿，列出了 112 种污染物候选指标。

2.1.2.3 欧盟水质标准

1980 年，欧盟发布饮用水水质指令（80/778/EEC）。

1995 年，欧盟修订 80/778/EC。

1998 年，欧盟通过《饮用水水质指令》（98/83/EC）。

2015 年，欧盟发布（EU）2015/1787 号法规。

2.1.2.4　日本饮用水水质标准

1958 年，日本依据本国的《水道法》制定了第一部生活饮用水水质标准。

1978 年，生活饮用水水质标准进行了修订，包括 26 项指标。

1992 年，生活饮用水水质标准进一步修订，水质指标由 26 项增加到 46 项。

日本厚生劳动省参照 WHO 制定的《饮用水水质准则》和最新研究成果不断更新完善，形成了最新的饮用水水质标准，2017 年 4 月 1 日实施。

2.1.2.5　我国水质标准修订

我国的水质标准经过了多次修订，2022 年 3 月 15 日，国家市场监督管理总局和国家标准化管理委员会联合发布了《生活饮用水卫生标准》（GB 5749—2022），实施日期为 2023 年 4 月 1 日，这是目前我国最新的水质标准。我国水质标准的制定和修订过程如下。

1927 年，地方标准《上海市饮用水清洁标准》实施，规定了 21 个项目。

1937 年，企业标准《水质标准表》实施，规定了 11 个项目。

1956 年，国家标准《饮用水水质标准》实施，规定了 15 个项目。

1959 年，国家标准《生活饮用水卫生规程》实施，规定了 17 个项目。

1976 年，国家标准《生活饮用水卫生标准》（TJ 20—76）（试行），规定了 23 个项目。

1986 年，国家标准《生活饮用水卫生标准》（GB 5749—85）实施，规定了 35 个项目。

1993 年，建设部发布了《生活饮用水水源水质标准》（CJ 3020—93）。

2006 年，国家标准《生活饮用水卫生标准》（GB 5749—2006）实施，规定了 106 个项目。

2022 年，国家标准《生活饮用水卫生标准》（GB 5749—2022）

实施，规定了 97 个项目。

  GB 5749—2022 中的饮用水水质指标由 GB 5749—2006 的 106 项调整为 97 项，增加了高氯酸盐、乙草胺、2-甲基异莰醇、土臭素 4 项指标，删除了耐热大肠菌群、三氯乙醛、硫化物、氯化氰、六六六、对硫磷、甲基对硫磷、林丹、滴滴涕、甲醛、1，1，1-三氯乙烷、1，2-二氯苯、乙苯等 13 项指标，另外还修改了两项指标的名称，调整了 8 项指标的限值等，标准中包含水质常规指标及限值、生活饮用水中消毒剂常规指标及要求、水质扩展指标及限值等，其中水质常规指标及限值见表 2-1。

表 2-1 水质常规指标及限值

序　号		指　标	限　值
微生物指标	1	总大肠菌群/MPN·100mL^{-1} 或 CFU·100mL^{-1}	不得检出
	2	大肠埃希氏菌/MPN·mL^{-1} 或 CFU·mL^{-1}	不得检出
	3	菌落总数/CFU·mL^{-1}	100
毒理指标	4	砷/mg·L^{-1}	0.01
	5	镉/mg·L^{-1}	0.005
	6	铬（六价）/mg·L^{-1}	0.05
	7	铅/mg·L^{-1}	0.01
	8	汞/mg·L^{-1}	0.001
	9	氰化物/mg·L^{-1}	0.05
	10	氟化物/mg·L^{-1}	1.0
	11	硝酸盐（以 N 计）/mg·L^{-1}	10
	12	三氯甲烷/mg·L^{-1}	0.06
	13	一氯二溴甲烷/mg·L^{-1}	0.1
	14	二氯一溴甲烷/mg·L^{-1}	0.06
	15	三溴甲烷/mg·L^{-1}	0.1
	16	三卤甲烷（三氯甲烷、一氯二溴甲烷、二氯一溴甲烷、三溴甲烷的总和）	该类化合物中各种化合物的实测浓度与其各自限值的比值之和不超过 1

序　号		指　标	限　值
毒性指标	17	二氯乙酸/mg·L^{-1}	0.05
	18	三氯乙酸/mg·L^{-1}	0.1
	19	溴酸盐/mg·L^{-1}	0.01
	20	亚氯酸盐/mg·L^{-1}	0.7
	21	氯酸盐/mg·L^{-1}	0.7
感官性状和一般化学指标	22	色度（铂钴色度单位）/度	15
	23	浑浊度（散射浑浊度单位）/NTU	1
	24	臭和味	无异臭、异味
	25	肉眼可见物	无
	26	pH	不小于 6.5 且不大于 8.5
	27	铝/mg·L^{-1}	0.2
	28	铁/mg·L^{-1}	0.3
	29	锰/mg·L^{-1}	0.1
	30	铜/mg·L^{-1}	1.0
	31	锌/mg·L^{-1}	1.0
	32	氯化物/mg·L^{-1}	250
	33	硫酸盐/mg·L^{-1}	250
	34	溶解性总固体/mg·L^{-1}	1000
	35	总硬度（以 $CaCO_3$ 计）/mg·L^{-1}	450
	36	高锰酸盐指数（以 O_2 计）/mg·L^{-1}	3
	37	氨（以 N 计）/mg·L^{-1}	0.5
放射性指标	38	总 α 放射性（Bq/L）	指导值 0.5
	39	总 β 放射性（Bq/L）	指导值 1

2.2　水中的有害污染物

水体中的污染物种类繁多，来源广泛，包括物理性污染物（颗粒物、悬浮物、溶解性固体物质)、化学物质（有机物、氮磷、金属元素等）和微生物等，下面介绍几种对人体健康危害较大的污染物质。

2.2.1 重金属

重金属一般是指密度大于 4.5g/cm^3 的金属，包括金、银、铜、铅、铬、镉等，重金属很难在环境中降解，其浓度会不断累积。2011年4月初，中国首个"十二五"专项规划——《重金属污染综合防治"十二五"规划》获得国务院正式批复，防治规划力求控制5种重金属：铅、汞、砷、镉、铬。重金属在人体内能和蛋白质及各种酶发生强烈的相互作用，使它们失去活性，也可能在人体的某些器官中富集，如果超过人体耐受的限度，会造成人体急性中毒、亚急性中毒、慢性中毒等，对人体会造成很大的危害。例如，日本发生的水俣病（汞污染）和骨痛病（镉污染）等环境公害事件，影响深远。

重金属的污染主要来源于工业污染，其次是交通污染和生活垃圾污染。工业污染大多通过废水、废气、废渣等排入环境，如电镀、机械加工、矿山开采、钢铁及有色金属的冶炼和部分化工企业等；交通污染主要是指交通工具尾气的排放，尤其是含铅汽油的使用，尾气排放到大气中，通过干湿沉降降落到地表，随水流进入水体或土壤；生活污染主要是生活垃圾的污染，如废旧电池、废弃灯管、废弃的化妆品、上彩釉的碗碟等，这些废弃的有害垃圾若处置不当，会随水流溢出来，污染水体和土壤。

下面详细介绍几种重金属的来源及危害。

（1）铅。主要来自电气及电子业、塑胶稳定剂、电池制造业、焊接及切割业、油漆业、冷却器修理、焊接铅的物品、锌及铜的精炼、颜料及漆料制造业等。铅进入人体直接损伤人的脑细胞，造成胎儿智力低下，老年人痴呆，脑死亡等。

（2）汞。主要来自牙医、电池业、压力计及校正仪器制造业、氯碱业、陶器业、超音波增幅器、红线侦测器、电镀业、电气产品、指纹侦测器、金及银的提炼、珠宝业、水银灯及荧光灯业、漆料、纸浆制造业、温度计、半导体光能细胞制造等，进入人体后损害人的肝脏，对大脑神经视力破坏极大。天然水每升水中含 0.01mg 汞，就会引起强烈中毒。1953~1956 年日本熊本县水俣市因石油化工厂排放含汞废水，人们食用了被汞污染和富集了甲基汞的鱼、虾、贝类等水生生物，造成大量居民中枢神经中毒，死亡率达 38%。

（3）铬。主要来自电镀业、金属工业、彩色电视影像管制造、铜刻、玻璃业、石油纯化、照相业、水泥使用、不锈钢、纺织业（色料）、焊接业等，进入人体会造成四肢麻木、精神异常等。2011年 8 月，《云南信息报》报道了当地一起重金属污染事件，因 5000t铬渣倒入水库，致使水库致命六价铬超标 2000 倍，事后云南将 30 万立方米受污染水，铺设管道排入珠江源头南盘江。

（4）砷。主要来自农药的制造及喷洒、砷的制造及生产、电子半导体的制造等相关行业，氢化砷（AsH_3）则来自计算机工业、金属工业等，是砒霜的组分之一，有剧毒，会致人迅速死亡，该物质还有致癌性，会使皮肤色素沉着，导致异常角质化。2008 年广西河池市公布了砷污染饮用水事件的处置情况，136 人尿砷超标，其中有 15人出现颜面浮肿，伴有恶心、欲吐、食欲不振等症状。

（5）镉。主要来自镉制造业、铅及锌的熔铸业、电镀业、塑胶稳定剂制造、镉镍电池制造业、焊接镀镉物质合金制造业、色料业、电子制造业、宝石制造业等，会导致高血压，引起心脑血管疾病，破坏骨钙，引起肾功能失调。1955~1972 年日本富山县神通川流域，因锌、铅冶炼厂等排放的含镉废水污染了河水和稻米，居民食用后而中毒，1972 年患病者达 258 人，死亡 128 人。2012 年 1 月至 2 月，广西壮族自治区龙江发生镉污染，对下游人口达 370 余万的柳州市饮水安全造成了威胁。

2.2.2　硝酸盐

随着工农业生产的发展，农村、城市的地下水都存在着不同程度的氮污染问题，农业化肥尤其是氮肥的过量使用和动物排泄物的处置不当，使许多地方地表水和地下水中硝酸盐氮的含量不断升高，对于以地下水为水源的居民危害较大。我国约有 50% 地区的浅层地下水遭到一定程度的硝酸盐污染，尤其是华北平原的某些地区，地下水中硝酸盐的含量高达 300mg/L。欧洲一些国家的地下水硝酸盐浓度普遍达到 40~50mg/L，如法国、俄罗斯等。世界许多国家都对地下水 NO_3-N 的浓度制定了相关标准。比如，美国环境保护署（EPA）规定居民饮用水中 NO_3-N 的含量不应超过 10mg/L，世界卫生组织（WHO）规定饮用水中 NO_3-N 含量的限制值为 50mg/L（相当于 NO_3-N 浓度 11.3 mg/L），我国生活饮用水卫生标准规定的 NO_3-N 的限制值为 20mg/L。

硝酸盐在人体内可被还原为亚硝酸盐，亚硝酸盐与人体血液作用，形成高铁血红蛋白，从而使血液失去携氧功能，使人缺氧中毒，轻者头昏、心悸、呕吐、口唇青紫，重者神志不清、抽搐、呼吸急促，抢救不及时可危及生命。亚硝酸盐与仲胺类作用形成亚硝胺类，它在人体内达到一定剂量时，可以致癌、致畸和致突变，严重危害人们的健康，长期饮用含高浓度硝酸盐的水，会使人中毒。由于硝酸盐在胃酸环境下生成的亚硝酸会和血红素结合，大大降低了血红素携带氧气的功能，造成婴儿全身缺氧而呈现肤色发蓝紫，这种现象被称为蓝婴病。蓝婴病最常见的症状是口腔、手和脚周围的皮肤也会变为蓝色，也称为紫绀，表明儿童或人没有获得足够的氧气。蓝婴病的其他潜在症状包括呼吸困难、呕吐、腹泻、昏睡、流涎增加、意识丧失、癫痫发作，在严重的情况下可导致死亡。

2008 年 3 月 2 日，湖南一弹簧厂发生一起井水亚硝酸盐污染自来水事故，共有 41 人到医院就诊。2004 年 9 月至 2005 年 1 月，杭州市某工业区内先后发生 3 起因食用单位自备井水引起的亚硝酸盐中毒事故，共发生病人 36 例。2004 年 2~3 月四川沱江流域发生了一起氨氮、亚硝酸盐污染事件，导致近 120 万群众的饮水和生活受到严重影响。

2.2.3 铁和锰

二价铁离子氧化成三价铁离子，然后形成沉淀，会使水体变得浑浊，水中含铁浓度大于 0.3mg/L 时，水就变浑，超过 1mg/L 时水具有铁腥味。铁在人体内过量累积会损害人的胰腺（导致糖尿病）、肝脏（肝硬化）、皮肤等脏器，体内含铁量超过正常值的 10~20 倍，就会出现慢性中毒症状，导致肝硬化、软骨钙化、糖尿病。美国、芬兰科学家研究证明，人体中铁过多对心脏有影响，甚至比胆固醇更危险。

人体摄入过量的锰，早期会出现头晕头痛、记忆力减退、情绪不稳定，晚期则出现肌肉僵直、肢体震颤、发烧、呼吸困难，长期接触锰还会引起中枢神经系统、呼吸系统方面的疾病，随着病情的发展会出现下肢沉重，语言不清，表情呆滞，晚期可出现面具样面容、肌肉僵直，尤其是出现明显的肢体震颤、书写困难，字越写越小（又称"小字症"），有的出现发烧和呼吸困难，但用抗生素治疗无效，走路时身体前倾，倒退行走更困难。Woolf等报道了1名10岁男孩长期饮用含高剂量锰（约1.2mg/L）的井水出现语言异常和视觉功能障碍，其血清锰高达$9\mu g/L$（正常值为$2.65\mu g/L$）。

水中含有过量的铁和锰将给生活用水及工业用水带来很大危害。国家规定生活饮用水中铁离子含量应不大于0.3mL/L，锰离子含量应不大于0.1mg/L。铁和锰都是人体需要的元素，只要水中含量不超标，对人的健康影响不大。

2.2.4　氟

氟是人体必需的微量元素，安全阈值很窄，在骨骼和牙齿的形成上起重要作用，1969年，第22届世界卫生组织（WHO）大会上提出了"在自来水中添加氟化物预防龋齿"的决议，牙膏中加氟也是为了预防龋齿，尤其是儿童。长期饮用含氟量低于0.5mg/L的水，氟在牙釉质内的沉积物减少，蛀牙的发病率明显升高，长期饮用含氟量高于1.5mg/L的高氟水，牙齿会逐渐失去光泽，出现斑块或褐色斑点，牙齿易被磨损、折裂或折断，斑釉齿发病率高。氟中毒严重时，可出现氟骨症，腰背、股胯发紧，疼痛，脊柱和四肢功能有不同程度的降低，严重时关节僵硬，肢体出现畸形，肌肉痉挛、瘫痪，生活完全失去自理能力。

据外媒报道，澳大利亚一项研究证实，自来水加氟有助儿童牙齿健康，英国卫生大臣艾伦·约翰逊（Alan Johnson）主张英国更多地区在自来水里添加氟化物，以促进口腔健康，减少蛀牙。约翰逊以伯明翰为例，该城市五岁儿童口腔健康状况比自来水里没有加氟的曼彻斯特好出50%，然而也有人提出加氟对人体的长远影响尚不能确定，戈德史密斯在《独立报》发表的文章说，婴儿猝死、老年痴呆以及湿癣等疾病可能与氟化物有关。根据戈德史密斯的说法，氟会分解人体内的胶原，这是皮肤、肌肉、韧带和骨头的组成部分，有人猜测它同关节炎发病率的上升相关。

《中国居民口腔健康指南》提出，氟化物的推广应用适合于在低氟地区、适氟地区以及在龋病高发地区的高危人群中进行，但高氟地区人群是不适合使用含氟牙膏的。含氟牙膏也不适合6岁以下儿童使用，儿童使用含氟牙膏，一旦吞食，每日氟的总摄入量将超过正常需要，对儿童的发育和健康会有一定的影响。

早在20世纪初，在意大利维苏威火山附近首次发现斑釉齿，当地称之为"基阿杰齿"，1937年，人们逐渐认识到斑釉齿是由于人体内的氟含量超过了正常值所引起的慢性中毒，美国称之为"得克萨斯牙"，日本称之为"阿苏火山病"，北非称之为"达尔姆斯病"，这是一种典型的地方病。氟对人体的危害，有时甚至是致命的，1930年比利时过磷酸石灰厂因排放大量HF气体，导致当地60名市民中毒身亡。

朱其顺报道了中国饮用高氟水的人口有5千万人左右，占饮用水不安全人口的16%，占饮用水水质超标不安全人口的22%，主要分布在华北、东北及西北地区。饮用高氟水人数较多的几个省区为河南、河北、安徽和内蒙古。华北地区饮用高氟水人口绝对数量和相对比例都居于全国首位，属于高氟水重灾区，其中内蒙古、河南所占比例都达到45%，天津达到了70%；华东地区饮用高氟水较严重，安徽的比重为81.4%，吉林西部、内蒙古、晋北、陕北、宁夏南部、甘肃、青海、新疆东部等地区都有氟病症分布。

2.2.5　有机物

水中的部分有机物可通过饮水、吸入或皮肤接触危害人体健康，主要包括消毒副产物（如氯仿、一溴二氯甲烷、二溴一氯甲烷、溴仿）、挥发性有机物（如四氯化碳、二氯甲烷、苯系物等）以及农药（如滴滴涕、六六六、六氯苯）等。

2.2.6 致病生物

污染水体的生物种类繁多，主要有细菌、螺旋体、病毒、寄生虫和昆虫等，在自然界清洁水中，1mL 水中的细菌总数在 100 个以下，而受到严重污染的水体可达 100 万个以上，受污染水体中的不同生物对人类可产生不同的危害作用。水中的病原微生物可以分为三大类：病原菌、病毒和原生动物，徐丽梅较详细地阐述了水中的病原微生物，内容如下所述。

2.2.6.1 病原菌

病原菌分为土著菌和肠道菌群，土著菌包括军团菌属、气单胞菌属和鸟结核分枝杆菌属等，肠道菌群主要来自动物的排泄物，水中常见的病原菌种类及结构特征见表 2-2。

表 2-2　水中病原菌的种类及结构特征

种类	革兰氏染色	形状	芽孢	荚膜	鞭毛
大肠杆菌	阴性	杆状	无	无	周生
沙门菌	阴性	杆状	无	无	有
志贺菌	阴性	杆状	无	无	无
霍乱弧菌	阴性	弯曲的杆状或弧形	无	无	1 个
弯曲杆菌	阴性	S 型	有	无	1 个或双级
军团菌	阴性	杆状	无	无	有或无两种

病原菌中的沙门氏菌、志贺氏菌、霍乱弧菌、弯曲杆菌均属于肠道菌群，主要来源于人和动物的排泄物。Omisakin 等人的研究表明牛粪中的大肠埃希氏菌 O157 含量可达 10^4 CFU/g，Todd 等人指出受感染人的粪便中沙门氏菌的含量高达 10^7 CFU/g，农场和畜牧场的副产品中也存在大量的病原微生物，包括沙门氏菌、不动杆菌、假单胞菌、金黄杆菌、大肠埃希氏 O157 等。病原菌可通过受污染的饮用水、食品侵袭肠道。由于病原菌菌体表面抗原、生理生化特性、毒力因子的不同，其引发疾病的感染剂量略有差别，表 2-3 列出了常见病原菌的致病性和感染剂量。

表 2-3　水中病原菌的致病性和感染剂量

致病类型		引发的疾病	感染剂量/个
致病性大肠杆菌	肠致病性大肠杆菌 EPEC	腹泻	$10^8 \sim 10^{10}$
	肠出血性大肠杆菌 EHEC	脱水性腹泻、血便、出血性呕吐、出血性结肠炎、溶血性尿毒综合征	大于 100
	肠侵袭性大肠杆菌 EIEC	脱水性腹泻、血便	$10^6 \sim 10^{10}$
	肠产毒性大肠杆菌 ETEC	脱水性腹泻、腹部痉挛、发烧、呕吐	$10^6 \sim 10^9$
	弥散黏附大肠杆菌 DAEC	腹泻	未知
	肠黏附性大肠杆菌 EAEC	脱水腹泻、肠炎	未知
沙门菌		伤寒、胃肠炎、菌血症、败血症、肠热症、呕吐、发烧	$10^4 \sim 10^7$
志贺菌		细菌性痢疾、腹部痉挛、发烧、脱水	$10 \sim 100$
霍乱弧菌		霍乱、腹泻、呕吐	$10^4 \sim 10^6$
弯曲杆菌		肠胃炎、关节炎、格林巴氏综合征	大于 1000
军团菌		呼吸疾病、肺炎、干咳、庞提亚克热	未知

2.2.6.2　病毒

水中的病毒主要包括肠道病毒（enteroviruses）、肝炎病毒（hepatitis virus）、轮状病毒（rotavirus）、星状病毒（astrovirus）、诺如病毒（norovirus）、腺病毒（adenovirus）等，主要来源是受感染的人和动物的排泄物。Jiménez-Clavero 等检测 100 份牛粪样品，78%的呈阳性，在绵羊、山羊以及马的粪便中都检测出肠道病毒。水中常见的病毒种类见表 2-4。

表 2-4　水中常见病毒

病毒种类	引发的疾病	感染剂量/个
脊髓灰质炎病毒（polioviruses（1-3））	脊髓灰质炎、麻痹、脑膜炎、发烧	$100 \sim 500$
埃可病毒（echoviruses（1-3））	脑膜炎、呼吸疾病、皮疹、发烧、肠胃炎	$10 \sim 100$

病毒种类	引发的疾病	感染剂量/个
柯萨奇病毒 A 型 *coxsackieviruses*（A1-22, 24）	呼吸疾病、脑膜炎、手足口病、水泡咽炎	10~100
柯萨奇病毒 B 型 *coxsackieviruses*（B1-6）	心肌炎、先天性心脏病、皮疹、发烧、脑膜炎、呼吸疾病、流行性肌痛	10~100
新型肠道病毒 *new enteroviruses*（68-73）	脑膜炎、呼吸疾病、皮疹、急性肠道出血、结膜炎、发烧	1~100
甲型肝炎病毒 （*hepatitis A virus*，HAV）	肝炎、发热、疲惫、恶心、食欲不振、黄疸	1~100
戊型肝炎病毒 （*hepatitis E virus*，HEV）	肝炎、疲惫、恶心、黄疸	1~100
腺病毒（*adenoviruses*）	结膜炎、呼吸疾病、肠胃炎	1~100
轮状病毒（*rotaviruses*）	肠胃炎、腹泻	1~10
诺如病毒（*noroviruses*）	腹泻、发热、呕吐、肠胃炎	10~100
星状病毒（*astroviruses*）	肠胃炎	1~100

2.2.6.3 原生动物

水中的原生动物种类也较多，包括各种寄生虫，常见的一种原生动物是隐孢子虫，其体积微小，主要寄生于人和大多数哺乳动物的体内，进入人体后会引起隐孢子虫病。此病人畜可共患，会出现腹泻的症状，持续 2~3 周时间。隐孢子虫分布在除南极洲外的 100 多个国家的 300 多个地区，美国等发达国家将其列入腹泻症候群监测的重要病原。1993 年，美国威斯康星州就曾经发生过 40 万人感染隐孢子虫的事件，最终导致 110 人死亡。2006 年在非洲的博茨瓦纳，2.3 万人感染此病，导致 470 名儿童死亡。我国 1987 年在南京首次报道人体感染此病，此后江苏、安徽、山东、湖南、云南、黑龙江、河南、上海、广东等地均有人体隐孢子虫感染的报道，感染率 1.33%~13.49%。

以上列举了水中对人体健康有害的几种致病物质，当然，水中对人体健康有害的物质绝不仅仅这些，这里不再一一列举。

2.3 饮用水健康风险评价

水质的健康安全是一个民生问题。随着人民生活水平的提高，人民群众对水质的要求也越来越高，对居民生活用水的健康风险评价显得尤为重要。水质的健康风险评价兴起于 20 世纪 80 年代，以风险度作为评价指标，把环境污染与人体健康关联起来，定量描述人们暴露在污染环境中受到的危害和风险。人体健康风险评价包括致癌、致畸、发育毒性、神经毒性等风险的评价，其中以致癌风险评价的研究最为成熟。

人体健康风险评价是通过收集和运用毒理学、流行病学及其他相关学科的已有资料，按照既定的评价原则和评价方法，对某种环境有害因素造成暴露人群的不良健康效应进行定性与定量评价的过程。评价所依据的资料包括毒理学资料、人群流行病学资料、环境和暴露因素等，评价的最终目的是估计特定剂量的物理因素或化学物质对人体、动植物或生态系统造成损害的可能性及损害程度。一般情况下健康风险评价都是从确定性风险评价开始，应用最多的是美国国家环保署提出的人类健康风险评价模型。

2.3.1 评价数据库的建立

为了有效开展健康风险评价工作，很多国家和组织建立了评价毒性数据库，如 ECOTOX 数据库、ToxRefDB 数据库、IARC 数据库、IRIS 数据库等。这些数据库收集的数据种类繁多，各有偏重，能够满足风险评价的需求，如 ECOTOX 数据库收集了陆生及水生生物数据，ToxRefDB 数据库收集了大量的活体动物体内试验数据，IARC 数据库收集了癌症的权威数据，IRIS 数据库收集了化学物质对人类的健康风险数据。宋瀚文总结了风险评价常用的毒性数据库，见表 2-5。

表 2-5 风险评价常用的毒性数据库

名称	简称	所属机构	侧重点
Integrated Risk Information System	IRIS	美国国家环境保护局	健康风险

续表 2-5

名称	简称	所属机构	侧重点
Toxicity Reference Database	ToxRefDB	美国国家环境保护局	生态毒理数据
Aggregated Computational Toxicology Resource	ACToR	美国国家环境保护局	毒理数据，计算化学方面的数据
Pesticide Action Network	PAN	北美农药信息网	农药的生态毒理和健康效应
Persisitent Bioaccumulation Toxicity	PBT 分析器	美国国家环境保护局	参数估计软件
Agency for Toxic Substances and Disease Registry	ATSDR	美国联邦卫生与公共服务部	健康风险
The International Agency for Research on Cancer	IARC	世界卫生组织	健康风险
Health Canada	Health Canada	加拿大卫生部	健康风险，生态风险，环境检测等
International Programme on Chemical Safety	IPCS	世界卫生组织	化学物质的风险

2.3.2 评价方法

根据国际癌症研究机构（IARC）和世界卫生组织（WHO）全面评价化学污染物致癌性的分类系统，属于Ⅰ组和Ⅱ组的化学物质属于化学致癌物，其他污染物属于非致癌化学有毒物。化学致癌物和放射性污染物都属于基因毒物质，非致癌化学有毒物属于躯体毒物质，基因毒物质包括砷、六价铬、镉、三氯甲烷和四氯化碳等，躯体毒物质包括铅、汞、硒、氰化物、氟化物、硝酸盐、铁、氨氮、锰、铜、锌、铝和挥发酚等。

不同类型的污染物通过饮用水途径进入人体后所引起的健康风险不同，所以对基因毒物质和躯体毒物质的风险评价模型也有所不同，目前使用较多的评价模型是美国国家环境保护局（USEPA）推荐的一种评价方法，下面作简要介绍。

（1）化学致癌物所致健康危害的风险。化学致癌物所致健康危害的风险评价模型如下：

$$R^c = \sum_{i=1}^{k} R_{ig}^c \qquad (2-1)$$

$$R_{ig}^c = [1 - \exp(-D_{ig}q_{ig})]/Y \qquad (2-2)$$

式中，R_{ig}^c 为化学致癌物（共 k 种）经食入途径的平均个人致癌年风险，a^{-1}；D_{ig} 为化学致癌物 i 经食入途径的单位体重日均暴露剂量，$mg/(kg \cdot d)$；q_{ig} 为化学致癌物经食入途径的致癌强度系数，$kg \cdot d/mg$；Y 为人类平均寿命，a，不同国家和地区有所不同，以当地统计数据为准。

饮水途径的单位体重日均暴露剂量 D_{ig} 计算公式如下：

$$D_{ig} = L \times c_i/W \qquad (2-3)$$

式中，L 为成人平均每日饮水量，L；c_i 为化学致癌物或躯体毒物的浓度，mg/L；W 为人均体重，kg，以当地统计数据为准。

（2）非致癌污染物所致健康危害的风险。非致癌污染物所致健康危害的风险评价模型如下：

$$R^n = \sum_{i=1}^{k} R_{ig}^n \qquad (2-4)$$

$$R_{ig}^n = (D_{ig} \times 10^{-6}/RfD_{ig})/Y \qquad (2-5)$$

式中，R_{ig}^n 为非致癌物 i 经食入途径的平均个人致癌年风险，a^{-1}；RfD_{ig} 为非致癌物经食入途径的参考剂量，$mg/(kg \cdot d)$。

（3）总健康危害的风险。

$$R = R^c + R^n \qquad (2-6)$$

式中，R 为总健康风险。

（4）健康风险评价模型参数的确定。健康风险评价模型的毒理学参数包括化学致癌物的致癌强度系数（q_{ig}）和非化学致癌物的参考剂量（RfD_{ig}），这两个参数可参考 US EPA 和 IRIS 数据库提供的数据（见表2-6、表2-7），风险水平限值按照国际放射性辐射防护委员会（ICRP）和 US EPA 推荐的最大可接受风险水平和可接受风险范围。

表2-6　模型参数 q_{ig}

化学致癌物	六价铬	砷	镉	三氯甲烷	四氯化碳
饮水途径 $q_{ig}/\text{kg} \cdot \text{d} \cdot \text{mg}^{-1}$	41	1.5	6.1	4.6×10^{-2}	7.0×10^{-2}

表2-7　模型参数 RfD_{ig}

非化学致癌物	氟化物	氰化物	汞	铅	硒	氨氮
饮水途径 RfD_{ig}	6.0×10^{-2}	6.0×10^{-4}	3.0×10^{-4}	1.4×10^{-3}	5.0×10^{-3}	0.97
非化学致癌物	锰	挥发酚类	硝酸盐	锌	铁	
饮水途径 RfD_{ig}	0.14	0.30	1.6	0.3	0.3	

[例题2-1]　某市饮用水水质指标浓度见表2-8，该城市人们的平均寿命为70岁，人均体重为65kg，成人平均每日的饮水量为2L，试开展该市的饮用水健康风险评价。

表2-8　水质指标浓度

指标	铬	三氯甲烷	四氯化碳	氟化物	硝酸盐
浓度/mg·L^{-1}	1.8×10^{-3}	1.5×10^{-3}	1.2×10^{-4}	0.6	1.05

解：铬、三氯甲烷、四氯化碳按照致癌物风险评价模型来计算，氟化物、硝酸盐按照非致癌物风险评价模型来计算。

（1）单位体重日均暴露剂量 $D_{ig} = L \times c_i / W = 2 \times c_i / 65 = 0.0308 c_i$，将各水质指标的浓度代入该式，计算得出各成分的 D_{ig} 值，见表2-9。

表2-9　单位体重日均暴露剂量

指标	铬	三氯甲烷	四氯化碳	氟化物	硝酸盐
D_{ig}/mg·$(\text{kg} \cdot \text{d})^{-1}$	5.5×10^{-5}	4.6×10^{-5}	3.7×10^{-6}	1.8×10^{-2}	3.2×10^{-2}

（2）化学致癌物的风险计算：

铬、三氯甲烷、四氯化碳的 q_{ig} 分别取 6.1kg·d/mg、0.046 kg·d/mg、0.07kg·d/mg，将 D_{ig}、q_{ig}、Y（70）分别代入式（2-2），计算得出铬、三氯甲烷、四氯化碳的健康危害平均个人年风险分别为 $4.79×10^{-6}$、$3.02×10^{-8}$ 和 $3.7×10^{-9}$，三种物质的 R^c 为 $4.83×10^{-6}$。三种致癌物的健康风险均未超过 ICRP 推荐的经饮水途径的最大可接受风险水平 $5.0×10^{-5}$，即每年每千万人口中因饮用水中各类污染物而受到健康危害甚至死亡的人数不能超过 500 人。

（3）非致癌物的风险计算：

氟化物、硝酸盐的 RfD_{ig} 分别取 $6.0×10^{-2}$ mg/（kg·d）、1.6 mg/（kg·d），将 D_{ig}、RfD_{ig}、Y（70）分别代入式（2-5），计算得出氟化物、硝酸盐的健康危害平均个人年风险分别为 $4.3×10^{-9}$、$2.9×10^{-10}$，R^n 为 $4.6×10^{-9}$，健康风险远小于 $5.0×10^{-5}$。

（4）总健康危害风险 $R = R^c + R^n = 4.83×10^{-6} + 4.6×10^{-9} = 4.8346×10^{-6}$。

我国相关人员开展了部分城市饮用水的健康风险评价，见表 2-10。其中，国际辐射防护委员会（ICRP）推荐的最大可接受风险水平为 $5.0×10^{-5}$，US EPA 推荐的可接受风险限值处于 $1.0×10^{-4} ～ 1.0×10^{-6}$ 之间。

表 2-10 我国部分城市饮用水健康风险评价结果

序号	城市	评价指标	风险评价结果	文献
1	杭州	5 种基因毒物质（砷、六价铬、镉、三氯甲烷和四氯化碳）及 13 种躯体毒物质（铅、汞、硒、氰化物、氟化物、硝酸盐、铁、氨氮、锰、铜、锌、铝和挥发酚）	致癌风险、非致癌风险和总健康风险：水源水为 $2.18×10^{-5}$ a^{-1}、$7.75×10^{-9}a^{-1}$ 和 $2.18×10^{-5}$ a^{-1}；出厂水为 $1.08×10^{-5}$ a^{-1}、$3.70×10^{-9}$ a^{-1} 和 $1.08×10^{-5}$ a^{-1}；末梢水为 $1.96×10^{-5}a^{-1}$、$3.61×10^{-9}a^{-1}$ 和 $1.96×10^{-5}a^{-1}$	薛鸣，金铨，张力群等（2019）

序号	城市	评价指标	风险评价结果	文献
2	天津	GB 5749—2006 中全部常规水质指标（除放射性指标）和氨氮	致癌物健康风险、非致癌物健康风险和总健康风险分别为 3.83×10^{-5}、5.62×10^{-9} 和 3.83×10^{-5}	符刚，曾强，赵亮等（2015）
3	乌鲁木齐	Cr^{6+}、As、Cd 与氟化物、Pb、Hg、氰化物、氨氮、挥发酚	Cr^{6+} 所致的致癌健康风险度超过 $5.0\times10^{-5}a^{-1}$，非致癌健康风险氟化物最大，Pb 次之	梁爽，李维青（2010）
4	烟台	硝酸盐、镉、砷、六价铬等 13 种化学物	成人和儿童的总健康危害风险分别为 $23.78\times10^{-6}a^{-1}$、$32.43\times10^{-6}a^{-1}$，均为非致癌物质所致	王松松，王玖，刘磊等（2020）
5	长沙	5 种基因毒物质（砷、六价铬、镉、三氯甲烷、四氯化碳）和 10 种躯体毒物质（铅、汞、硒、硝酸盐氮、铁、锰、铜、锌、氟化物、氨氮）	出厂水 R 为 4.014×10^{-5}，末梢水 R 为 3.74×10^{-5}，出厂水、末梢水的 R、R_c、R_n 值接近	陈艳，朱彩明，张锡兴等（2017）
6	郑州	化学致癌物镉、砷、铬，非致癌物质铅、汞、氰化物、氨氮、酚	地表饮用水和地下饮用水源基因毒物产生的健康风险数量级为 $10^{-6}\sim10^{-5}a^{-1}$，躯体毒物的健康风险数量级为 $10^{-12}\sim10^{-9}a^{-1}$	刘洋，赵玲，于莉等（2011）

2.4 再生水回用健康风险评价

水作为生活生产的一种必需的资源，其储量虽然较大，但可供人们利用的仅占较小的比例，而且随着水污染的加剧和不合理的使用，水资源短缺已经成为一种典型的生态环境问题。污水经过处理达标后可直接排放，也可以回收利用。再生水的回用不仅能减少水环境污染，降低污水的产生量，还可以缓解水资源供需矛盾，节约用水成本，能够带来明显的经济效益、社会效益和环境效益。再生水在使用过程中，不可避免地会与使用者和公众发生直接或间接接触，再生水水质指标虽然达标，但其中确实还存在少量污染物质，对人们的健康是否有影响以及影响程度如何，是影响城市再生水回用的重要因素。因此，城市再生水水质除了满足各种用途的水质要求外，其对人体健康风险的影响也需要开展相关的评价工作。目前，国内对再生水回用对人体健康风险评价方面的研究仍然较少。

2.4.1 再生水回用途径

根据再生水回用的目的进行分类，污水回用的途径主要有地下水回灌、农业回用、工业回用、景观娱乐回用、城市杂用、饮用水回用等，其中地下水回灌的目的包括饮用水水源补给、防止海水入侵、防止地面沉降等，农业回用包括农业灌溉、造林育苗、农牧场养殖、水产养殖等，工业回用包括锅炉冷却、设备清洗、生产工艺用水、油田注水等，景观娱乐回用包括观赏性和娱乐性景观用水、恢复自然湿地和营造人工湿地等，城市杂用包括道路和园林绿化浇灌、冲厕和街道喷洒、车辆冲洗、建筑施工和消防。不同的回用途径可带来的健康风险见表2-11。

表 2-11　不同的回用途径及其健康风险

序号	回用途径	与人体接触方式	致病因子
1	灌溉	直接接触、食用灌溉作物、吸入水雾	肠道病毒和致病菌，如脊髓灰质炎病毒、沙门氏菌等；金属离子
2	地下水回灌	食入	病原体、矿物质、重金属、难降解的有机物
3	工业回用	直接接触、吸入水雾	病原微生物和化学污染物
4	景观回用	直接接触、吸入水雾、误食	肠道病菌、化学物质
5	城市杂用水	直接接触、吸入水雾	病原微生物（细菌、病毒、寄生虫）、化学污染物

2.4.2　再生水回用风险评价方法

目前，国内外普遍采用1983年美国国家科学院（NAS）提出的风险评价"四步法"，来开展再生水回用的健康风险评价，即危害鉴定、暴露评估、剂量-反应关系分析及风险表征。

2.4.2.1　危害鉴定

危害鉴定是健康风险评价的第一阶段，该阶段的目的是判断在一定条件下，接触某种化学物质后对人体产生危害的可能性以及可能产生的不良健康效应，进一步确定特定化学物质与特定健康效应之间是否有因果关系。大量的研究表明，再生水回用过程中可能对人体产生危害的污染物质主要包括：重金属（Cu、Zn、Ni、Cd、As、Pb、Cr等）、消毒副产物（氯仿、一溴二氯甲烷、二溴一氯甲烷和溴仿）、挥发性有机物（四氯化碳、二氯甲烷、1，2-二氯乙烷和苯）以及农药（滴滴涕、六六六和六氯苯）等。

2.4.2.2　暴露评估

人体外界可能接触的物理、化学或生物危害因子，可以通过接触媒介中危害因子的浓度及接触持续的时间来确定暴露量，化学污染物质进入人体的途径（暴露途径）包括口腔摄入、呼吸吸入及皮肤吸收等。暴露评估是指定量或定性地对暴露量、暴露频率、暴露期和暴露途径进行综合评价，并在分析暴露途径，确定最大合理暴露情形以及暴露浓度的基础上，估算暴露人群的污染物质摄取量。暴露评估是再生水回用风险评价的重要一环。

第一，确定暴露环境。确定再生水暴露的物理特点和再生水用户的特征，包括再生水的水源位置、污废水中的主要污染物质、再生水水量、人群活动方式及潜在的暴露人群等。

第二，明确暴露途径。分析污染物质从污染源到暴露点的可能途径以及人群的暴露方式，建立再生水到暴露人群的暴露途径物理模型。一条完整的暴露途径通常包括污染源和污染物质释放方式、人群与污染物或污染介质接触点及人群摄取污染物质或污染介质的方式，如果污染源和暴露点的位置不同，则暴露途径还包括污染物载体介质。

第三，估算暴露浓度、计算摄入量。根据监测数据估算暴露浓度，可通过相关模型估算化学污染物未来的浓度或可能受到污染的介质中化学污染物的浓度、目前介质中的污染物浓度以及没有监测数据地点的污染物浓度，然后计算不同暴露方式下人们对化学污染物的摄入量。常见的暴露方式包括饮食、呼吸和皮肤接触等，下面介绍这三种暴露方式暴露剂量的计算方法。

（1）食入途径。该暴露方式污染物质摄取量估算公式如下：

$$d_{i食入} = \frac{CW_i \times RI \times EF \times ED}{BW \times AT} \tag{2-7}$$

式中，$d_{i食入}$为单位时间单位体重人体对再生水污染物的摄取量，mg/(kg·d)；CW_i为水中化学物质的浓度，mg/L；RI为摄取速率（日暴露剂量），取 1mL/d；EF为暴露频率，取 365d/a；ED为暴露时间，取我国平均寿命 70 岁；BW为人群平均体重，我国成年人取 70kg；AT为终生接触时间，70a×365d/a。

（2）吸入。通过吸入挥发的水雾进入人体呼吸系统，暴露剂量通过如下的公式计算：

$$d_{i吸入} = \frac{0.63 \times CW_i \times V \times ET \times F \times EF \times ED}{BW \times AT} \tag{2-8}$$

式中，$d_{i吸入}$为某化学污染物经呼吸途径终生日均暴露剂量，mg/(kg·d)；0.63 为吸收系数；CW_i为再生水中某种化学污染物浓度，mg/L；V为呼吸速率，m³/h，室外中等活动取 1.5m³/h；ET为吸入日暴露时间，h/d；F为单位空气中所含再生水形成的水雾量，L/m³；EF为暴露频率，d/a；ED为暴露时间，a，我国平均寿命为 70 岁；BW为平均体重，我国成年人为 70kg；AT为终生接触时间，d。

（3）皮肤接触。暴露剂量通过下面的公式进行计算：

$$d_{i皮肤} = \frac{CW_i \times SA \times PC \times ET \times EF \times ED \times 10^3}{BW \times AT} \tag{2-9}$$

式中，$d_{i皮肤}$为化学污染物经皮肤渗入途径终生日均暴露剂量，mg/(kg·d)；CW_i为再生水中某种化学污染物浓度，mg/L；SA为皮肤表面接触再生水面积，取 0.018m²；PC为化学物质皮肤渗透系数，取 0.002m/h；ET 为日皮肤暴露时间，h/d。EF 为暴露频率，d/a；ED 为暴露时间，a，我国平均寿命为 70 岁；BW 为平均体重，我国成年人为 70kg；AT 为终生接触时间，d。

[**例题 2-2**] 某再生水利用工程用于公园绿化灌溉，再生水中可能经皮肤接触或空气吸入进入人体的污染物清单见表 2-12、表 2-13，公园绿化职业人员的暴露参数见表 2-14，将相关参数的数据代入式 (2-8)、式 (2-9)，可计算可得出工作人员的终生日均暴露剂量，见表 2-15、表 2-16。

表 2-12 再生水中的有机化合物清单 （μg/L）

污染物	有机化合物										
	氯仿	一溴二氯甲烷	二溴一氯甲烷	溴仿	四氯化碳	二氯甲烷	1, 2-二氯乙烷	苯	甲苯	乙苯	二甲苯
浓度范围	0.857~108	0.06~11	0~5.82	0~3.04	0~0.09	0~100	43	0~31.84	0~0.73	0.03~1.2	0.03~4

表 2-13 再生水中的农药和无机化合物清单

污染物	农药/μg · L⁻¹			无机化合物/mg · L⁻¹				
	滴滴涕	六六六	六氯苯	砷	镉	铬 (Ⅵ)	汞	总镍
浓度范围	<0.064	<0.028	<2.1	0.000512~0.002	0~0.0051	0~0.01	0~0.0002	0~0.129

表 2-14 公园绿化职业人员的暴露参数

$F/L_{水} · m^{-3}_{空气}$		日吸入暴露时间/h · d⁻¹		日皮肤暴露时间/h · d⁻¹	年持续暴露时间/d · a⁻¹	终身暴露年限/a
现场	非现场	喷灌现场	非喷灌现场			
0.033	0.0167	0.67	2.33	0.33	93	35

表 2-15 工作人员的终生日均暴露剂量 （mg/(kg · d)）

污染物	消毒副产物				挥发性有机物						
	氯仿	一溴二氯甲烷	二溴一氯甲烷	溴仿	四氯化碳	二氯甲烷	1, 2-二氯乙烷	苯	甲苯	乙苯	二甲苯
吸入	1.16×10⁻⁵	1.18×10⁻⁶	6.26×10⁻⁷	3.27×10⁻⁷	9.68×10⁻⁹	1.08×10⁻⁵	4.63×10⁻⁶	3.43×10⁻⁶	7.86×10⁻⁸	1.29×10⁻⁷	4.30×10⁻⁷

污染物	消毒副产物				挥发性有机物						
	氯仿	一溴二氯甲烷	二溴一氯甲烷	溴仿	四氯化碳	二氯甲烷	1,2-二氯乙烷	苯	甲苯	乙苯	二甲苯
皮肤接触	2.39×10^{-6}	2.44×10^{-7}	1.29×10^{-7}	6.74×10^{-8}	2.00×10^{-9}	2.22×10^{-6}	9.53×10^{-7}	7.06×10^{-7}	1.62×10^{-8}	2.66×10^{-8}	8.87×10^{-8}

表 2-16 工作人员的终生日均暴露剂量 （mg/(kg·d)）

污染物	农药			无机化合物				
	滴滴涕	六六六	六氯苯	砷	镉	铬（Ⅵ）	汞	总镍
吸入	3.44×10^{-9}	1.51×10^{-9}	1.13×10^{-7}	2.15×10^{-8}	5.49×10^{-8}	1.08×10^{-7}	2.15×10^{-9}	1.39×10^{-6}
皮肤接触	7.09×10^{-10}	3.10×10^{-10}	2.33×10^{-8}	4.43×10^{-8}	1.13×10^{-7}	2.22×10^{-7}	4.43×10^{-9}	2.86×10^{-6}

2.4.2.3 剂量-反应关系分析

剂量-反应关系分析是为了寻求污染物剂量与暴露人群特定不良健康效应之间的定量关系，进一步确定暴露水平与不良健康效应发生概率之间的关系，是再生水回用风险评价的关键一环。剂量-反应关系包括非致癌物的剂量-反应模型、致癌物的剂量-反应模型和病原微生物的剂量-反应模型。

A 非致癌物的剂量-反应模型

非致癌化学物质对人体健康的危害是多方面的，包括对人体呼吸、消化、循环、排泄、生殖系统的器官以及神经传导、免疫反应、精神活动等功能的影响，也包括皮肤红肿、疱疹等轻微不适，也可能会导致心绞痛、智力减退等症状。

非致癌效应阈值的表征方法主要有三种：不可见有害作用水平（NOAEL）、最低可见有害作用水平（LOAEL）和基准剂量（BMD），其中 NOAEL(mg/(kg·d)) 为不能观察到不良反应的受试物的最高剂量，LOAEL（mg/(kg·d)）指可观察到不良反应的受试物的最低剂量，BMD（mg/(kg·d)）指对应于所定义的效应水平（通常为 1%～10%）的有效剂量。参考值是指根据暴露期和暴露途径估计的预期不会对人群产生不良健康效应的暴露剂量，经口进入人体的参考剂量 RfD 可采用以下公式进行计算：

$$RfD = NOAEL/(UF_1 \times UF_2 \times UF_3 \times UF_4 \times MF) \qquad (2\text{-}10)$$

式中，UF_1 为再生水中污染物浓度不确定因子；UF_2 为暴露频率不确定因子；UF_3 为暴露期不确定因子；UF_4 为摄取速率不确定因子。$UF(UF_1 \times UF_2 \times UF_3 \times UF_4)$ 通常取 10~10000，人体之间的差异系数为 1~10，动物试验向人体外推的不确定系数为 1~10，动物试验的短时间高剂量向人体长期低剂量暴露转换的不确定系数为 1~10，当得不到 NOAEL 而采用 NOAEL 时，要考虑 10 倍的不确定系数；MF 为修正因子，范围为 1~10，缺省值为 10。当暴露剂量小于参考剂量时可以认为污染物质对人体是安全的。美国 I RIS 数据库给出了化学物质的剂量反应关系，见表 2-17，其中包含相关化学物质的参考剂量。

表 2-17　化学物质经口途径的参考剂量

| 化合物 | 危害鉴定 | RfD（参考剂量） | | 斜率系数 | 空气单位危险度 |
		经口途径 /mg·(kg·d)$^{-1}$	吸入途径 /mg·m^{-3}	经口途径 /mg·(kg·d)$^{-1}$	吸入途径 /mg·m^{-3}
氯仿	B2	1×10^{-2}	—	1×10^{-2}	2.3×10^{-2}
一溴二氯甲烷	B2	2×10^{-2}	—	6.2×10^{-2}	—
二溴一氯甲烷	C	2×10^{-2}	—	8.4×10^{-2}	—
溴仿	B2	2×10^{-2}	—	7.9×10^{-3}	1.1×10^{-3}
四氯化碳	B2	7×10^{-4}	—	0.13	1.5×10^{-2}
二氯甲烷	B2	6×10^{-2}	—	7.5×10^{-3}	4.7×10^{-4}
1，2-二氯乙烷	B2	3×10^{-3}	9×10^{-3}	9.1×10^{-2}	2.6×10^{-2}
苯	A	4×10^{-3}	3×10^{-2}	5.5×10^{-2}	7.8×10^{-3}
甲苯	D	0.2	0.4	—	—
乙苯	D	0.1	1	—	—
二甲苯	—	0.2	0.1	—	—
滴滴涕	B2	5×10^{-4}	—	0.34	9.7×10^{-2}

化合物	危害鉴定	RfD（参考剂量）		斜率系数	空气单位危险度
		经口途径 /mg·(kg·d)$^{-1}$	吸入途径 /mg·m^{-3}	经口途径 /mg·(kg·d)$^{-1}$	吸入途径 /mg·m^{-3}
六六六	B2	—	—	1.8	0.51
六氯苯	B2	$8×10^{-4}$	—	1.6	0.46
砷	A	$3.4×10^{-4}$	—	1.5	4.3
镉	B1	$5×10^{-4}$	—	—	1.8
铬（Ⅵ）	吸入A，口入D	$3×10^{-3}$	$8×10^{-6}$（气溶）	—	12
汞	D	$3×10^{-4}$	$3×10^{-4}$	—	—
总镍	—	$2×10^{-2}$	—	—	—

注：美国EPA将致癌物分为5类：A类为人类致癌物；B类为很可能人类致癌物。其中，B1为人类资料为"证据有限"但动物资料为"致癌证据充分"；B2为动物"致癌证据充分"，但人类资料"无"或"不足"；C类为可能人类致癌物；D类为不能确定是否为人类致癌物；E类为对人类致癌性无证据。

非致癌污染物的健康风险评价模型为：

$$P_i = 10^{-6}d_i/RfD_i \tag{2-11}$$

$$P_a = P_i/70 \tag{2-12}$$

式中，i为化学污染物；P_i为非致癌污染物的个人终生健康风险；P_a为个体健康风险；d_i为进入人体单位体重的日均暴露剂量，mg/(kg·d)；RfD_i为参考剂量，mg/(kg·d)；70为人的平均寿命，a。

当回用水中有多种污染物质共同作用于人体时，人体健康总风险等于各污染物所诱发风险的总和，若不考虑毒性终点和各种污染物质的协同和拮抗作用，总风险P可通过如下公式来表示：

$$P = \sum_i \sum_j P_{ij} \tag{2-13}$$

B　致癌物的剂量-反应模型

致癌物低剂量暴露风险通常根据高剂量暴露风险外推得出，经典的剂量反应关系曲线如图2-3所示。

经常使用的外推模型见表2-18。

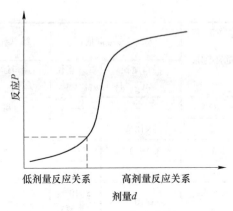

图 2-3 剂量反应关系曲线

表 2-18 常用的致癌物低剂量-反应外推模型

模　型	公　式	低剂量曲线特征
对数正态模型	$P(d) = \dfrac{1}{\sigma\sqrt{2\pi}}\int \exp(Z^2/2)\,\mathrm{d}Z$ $Z = \dfrac{\lg d - \mu}{\sigma}$	超线性
威布（Weibull）模型	$P(d) = 1 - \exp(-a + bd^m)$	$m>1$ 为次线性； $m=1$ 为线性； $m<1$ 为超线性
单击（One-hit）模型	$P(d) = 1 - \exp(-k_0 - k_1 d)$	线性
多阶段（Multistage）模型	$P(d) = 1 - \exp\left(-\sum_{i=0}^{n} k_i d_i\right)$	$k_1>0$ 为线性； $k_1=0$ 为超线性
线性多阶段模型	$P(d) = 1 - \exp\left(-\sum_{i=0}^{n} k_i d_i\right)(k_1 > 0)$	线性

注：P 为暴露群体的预期效应发生率；d 为暴露剂量；μ 和 σ 分别是 $\lg d$ 的平均值、标
准差；i 为阶段序号；其他参数为剂量反应关系曲线的拟合系数。

致癌化学物质的健康风险评价使用较多的是下面的模型：

$$p_i = 1 - \exp(-d_i f_i) \qquad (2\text{-}14)$$

式中，p_i 为致癌化学物质 i 经口入途径产生的个人致癌风险；f_i 为致
癌化学物质 i 经口入途径的致癌强度系数，是指终生持续暴露于某一

单位浓度的化学致癌物中所能导致的超额患癌风险，为剂量反应关系曲线斜率的95%可信上限（以动物试验资料为依据）或者为该斜率的最大似然估计值（以人体资料为依据），mg/(kg·d)，参考美国IRIS数据库，见表2-6；d_i 为致癌化学物质 i 经口入途径产生的进入人体的单位日均暴露剂量，mg/(kg·d)。

C 病原微生物的评价模型

不同研究人员对再生水回用时病原微生物提出的评价模型有多种，第一种模型是指数模型，计算公式如下：

$$P_i = 1 - e^{-rd} \tag{2-15}$$

式中，r 为假设随机的单个病原体的感染概率，常数；d 为摄入人体的剂量；P_i 为感染概率。

假设单个病原体的感染概率服从 Beta 分布，则可由上式导出病原微生物的另外一种评价模型，即 Hass 等人提出的 Beta-Poisson 模型，公式如下：

$$p_i = 1 - \left[1 + \frac{d}{N_{50}} (2^{\frac{1}{\alpha}} - 1) \right]^{-\alpha} \tag{2-16}$$

式中，p_i 为单次接触感染概率；d 为摄入人体内病毒的个数；N_{50} 为感染50%暴露人群的病毒个数；α 为斜率参数，N_{50} 与 p_i 的比值。

仇付国总结了常见病原微生物的剂量反应关系参数，见表2-19。

表 2-19 常见病原微生物的剂量反应关系参数

病原微生物	指数模型	Beta-Poisson 模型	
	$k = 1/r$	N_{50}	α
脊髓灰质炎 I 型病毒（poliovirus I）	109.87		
轮状病毒（rotavirus）		5.6	0.265
甲肝病毒（hepatitis A virus）	1.8229		
腺病毒（adenovirue 4）	2.397		

续表 2-19

病原微生物	指数模型	Beta-Poisson 模型	
	$k = 1/r$	N_{50}	α
埃可病毒 (*echovirus* 12)		1004.64	0.374
柯萨奇病毒 (*coxsackie*)	69.1		
沙门氏菌 (*salmonella spp.*)		23600	0.3126
志贺氏菌 (*shigella spp.*)		1120	0.2100
大肠埃希氏菌 (*escherichia coli.*)		8.6×10^7	0.1778
霍乱弧菌 (*vibrio cholera*)		243	0.25
兰伯氏贾第虫 (*giardia lamblia*)	50.23		
隐孢子虫 (*cryptosporidium*)	238		

2.4.2.4　风险表征

风险表征就是利用前面 3 个阶段所获取的数据，估算不同接触条件下可能产生的健康危害的强度或某种不良健康效应的发生概率。

[例题 2-3]　某污水处理厂再生水中污染物的浓度见表 2-20，试评价再生水经口入途径对人体产生的健康风险。

表 2-20　致癌物和非致癌物质的浓度

污染物	致癌		非致癌				
	Cd	As	Cr	Pb	Mn	Ni	Zn
浓度/mg · L^{-1}	0.07	0.080	0.130	0.018	0.0014	0.032	0.041

解：（1）致癌化学物质的风险评价。致癌化学物质的风险评价模型如下：

$$p_i = 1 - \exp(-d_i f_i)$$

$$d_i = \frac{CW_i \times RI \times EF \times ED}{BW \times AT}$$

式中，$RI = 1\text{mL/d} = 0.001\text{L/d}$，$EF = 365\text{d/a}$，$ED = 70$ 岁，$BW = 70\text{kg}$，$AT = 70\text{a} \times 365\text{d/a}$，单位日均暴露剂量可简化为：$d_i = 0.001CW_i/70$，可以算出 Cd、As 的单位日均暴露剂量分别为 $1 \times 10^{-6}\text{mg/(kg·d)}$、$1.14 \times 10^{-6}\text{mg/(kg·d)}$，两种物质的致癌强度系数参考世界卫生组织和国际癌症研究中心（IARC）提供的资料，分别取 6.100mg/(kg·d) 和 1.500mg/(kg·d)，代入评价模型可算得两种物质的致癌健康风险分别为 6.10×10^{-6}、1.71×10^{-6}，即 100 万人中患癌症的人数分别为 6.1 和 1.7，低于 USEPA 规定的可接受致癌风险率阈值 1×10^{-5}。

（2）非致癌化学物质的风险评价。非致癌化学物质的风险评价模型如下：

$$\text{个人终生健康风险 } P_i = 10^{-6}d_i/RfD_i \qquad (2\text{-}17)$$

d_i 的计算方法同上，非致癌化学物质的参考剂量 RfD 参考世界卫生组织（WHO）和美国环保局（USEPA）提供的资料，计算得出 5 种物质的个人终生健康风险，见表 2-21，非致癌物质对人体健康造成的风险是非常小的，可以忽略不计。

表 2-21　再生水非致癌物质的个人终生健康风险

物质	参考剂量（RfD）/mg·(kg·d)⁻¹	日均暴露剂量 d_i/mg·(kg·d)⁻¹	终生风险 P_i
Cr	0.003	1.86×10^{-6}	6.19×10^{-10}
Pb	0.140	2.57×10^{-7}	1.84×10^{-12}
Mn	0.140	2.00×10^{-8}	1.43×10^{-13}
Ni	0.020	4.57×10^{-7}	2.29×10^{-11}
Zn	0.300	5.86×10^{-7}	1.95×10^{-12}

2.5　水污染健康损失估算

2.5.1　水污染价值损失估算方法

水污染价值损失估算是针对水环境功能退化对经济活动和人民生

活造成的危害进行估算，目的是将水污染造成的价值损失货币化，但往往水资源没有市场价值，不能用市场价格直接来计算，但可以从水环境质量变化引起的人们的福利变化来衡量。环境质量改善，环境效益增加，人们获得经济福利，环境质量恶化，环境效益减少，人们损失经济福利。估算水污染对公众健康造成的价值损失的方法有多种，常见的包括人力资本法、医疗费用法、支付意愿法等。

2.5.1.1　人力资本法

1967 年，Ridker 首次提出用人力资本法来估算环境污染损失。人力资本是指劳动者自身文化水平、技术能力、健康状况和年龄等方面所带有的经济资本，环境污染导致个体寿命缩短，导致个体劳动价值减少，由于环境污染导致寿命缩短的劳动价值通常用个人未来收入的贴现值表示。例如，一个个体的年龄为 T 岁，因环境污染导致过早死亡 i 年，该个体的健康损失就等于正常情况下剩余寿命年收入的现值，可用如下公式来表示：

$$E_c = \sum_{i=1}^{T-i} \frac{\pi \times P}{(1+r)^i} \tag{2-18}$$

式中，E_c 为环境污染导致过早死亡损失；π 为正常情况下年龄为 T 岁的个体活到 $t+i$ 岁的概率；P 为 $t+i$ 岁时的预期收入；T 为正常情况下的预期寿命。

后期人们对人力资本法进行了修正，提出用统计生命年价值（a statistical life）来反映一个人对社会的贡献。比如水污染引起了人们的过早死亡，因此降低了人口的统计寿命年，减少了人力资本对GDP 的贡献，损失一个统计生命年就相当于损失了一个人均 GDP，总的损失就是所有损失的生命年中的人均 GDP 的总和。过早死亡损失可以通过下面的公式来计算：

$$C_{ed} = P_{ed} \sum_{i=1}^{t} GDP_{pci}^{pv} \tag{2-19}$$

式中，C_{ed} 为过早死亡的经济损失；P_{ed} 为水污染引起的过早死亡人数；t 为水污染引起的平均寿命损失年数；GDP_{pci}^{pv} 为第 i 年的人均 GDP 现值。GDP_{pci}^{pv} 可以通过如下的公式来计算：

$$GDP_{pci}^{pv} = \frac{GDP_{pci}}{(1+r)^i} = \frac{GDP_{pco}(1+a)^i}{(1+r)^i} \qquad (2-20)$$

式中，GDP_{pci} 为第 i 年的人均 GDP；r 为社会贴现率；GDP_{pco} 为基准年人均 GDP；a 为人均 GDP 增长率。

那么修正后的人均人力资本可通过以下公式来计算：

$$H = \frac{C_{ed}}{P_{ed}} = GDP_{pco} \sum_{i=1}^{t} \frac{(1+a)^i}{(1+r)^i} \qquad (2-21)$$

2.5.1.2 医疗费用法

水污染对人体健康导致的经济损失可以通过疾病治疗花费的费用来估算，这种方法称为医疗费用法或疾病成本法，产生的费用通常包括疾病治疗费用、病人住院费用、病人和陪护人员的工作日损失费用等。医疗费用是指患者患病期间所花费的所有与疾病相关的直接或间接费用，包括门诊就诊、急诊、住院治疗的费用和药费，患者因病休工所引起的收入损失，未就诊患者的自我诊疗费用和药费，以及产生的交通费、陪护费用、营养费等间接费用。

2.5.1.3 支付意愿调查评价法

意愿调查评价法（contingent valuation method，CVM）是通过问卷等形式询问人们有关环境质量的问题，从中得到人们对改善环境质量的支付意愿（WTP）或忍受环境损失的受偿意愿（WTA），从而对环境质量进行评估，这种评价方法实际上是通过构建一个假想的市场来获取人们的支付意愿。

2.5.1.4 成果参照法

成果参照法就是将别国或其他地区的研究成果应用到本国或本地进行评价，该法可以用来开展环境价值评价，比如，通过适当的转换将发达国家获得的 WTP 结果应用到没有开展过这类研究的国家中，但不同国家的价值观、文化背景等存在差异，在发达国家得到的支付意愿转移到发展中国家必然会引起一定的误差。

2.5.1.5 失能调整生命年法

20 世纪 80 年代末，世界银行、世界卫生组织和哈佛公共卫生学院采用伤残调整寿命年（DALY）作为量化疾病负担的新指标，开展了全球疾病负担（GBD）的研究。DALY 由早逝所致的寿命损失年（YLL）和失能引起的寿命损失年（YLD）两个部分组成。DALY 是指从疾病发病到死亡所致损失的全部健康寿命年，采用客观定量的方法综合计算各种疾病造成的早逝及残疾所致健康生命年的损失，一个 DALY 表示损失了一个健康的寿命年，DALY 计算时参考 Murray 采用的西方家庭模型寿命表中的第 26 级，即世界上平均寿命最高的日本人，女性期望寿命取 82.5 岁、男性期望寿命取 80 岁。年龄权数采用连续性函数 $ce^{-\beta x}$，贴现率采用指数函数 $e^{-\gamma(x-\alpha)}$。每种残疾状态下的持续时间被从 0 到 1 的残疾权重加权，以转换成死亡损失健康生命时间。DALY 普遍模型的计算公式如下：

$$\text{DALY} = \text{YLLs} + \text{YLDs} \tag{2-22}$$

YLLs 和 YLDs 的计算均采用下式：

$$\int_{\alpha}^{\alpha+L} Dcxe^{-\beta x} e^{-\gamma(x-\alpha)} \mathrm{d}x \tag{2-23}$$

积分后得出下式：

$$\text{DALY} = -\frac{Dce^{-\beta x}}{(\beta+\gamma)^2}\{e^{-(\beta+\gamma)}[1+(\beta+\gamma)(L+\alpha)] - [1+(\beta+\gamma)\alpha]\} \tag{2-24}$$

式中，x 为年龄；α 为发病年龄；L 为残疾（失能）持续时间或早死损失的时间；D 为伤残权重（0~1，死亡取值为 1）；$Dcxe^{-\beta x}$ 用于计算不同年龄的生存时间；c 为年龄权重，GBD 分析取值 0.1658；γ 为贴现率，GBD 分析取值 0.03；β 为年龄权重函数的参数，GBD 分析取值 0.04。

2.5.1.6 工资差额法

工资差额法就是利用不同环境质量条件下工人工资的差异来估算工作环境的变化带来的经济损益。不同职业劳动者的工作环境存在很大差异，这种差异影响了劳动者对职业的选择，劳动者更加倾向于选择工作环境相对好的职业，工作环境差的企业就需要从工资、假期、福利等方面进行补偿，即用高工资吸引劳动者，这种工资水平的差异就是环境质量的价值体现。因此，工资差额法实际上是利用劳动力市场估计生命价值的损失，从而估计环境质量变化造成的经济损失的一种间接评估方法。

除了上述方法外，水污染价值损失估算的方法还包括剂量反应法、恢复费用法、健康风险评价方法和浓度–价值损失率法等，水污染对人体造成的健康损失估算有时通过一种方法不一定能完成，可以综合应用多种方法进行估算。

2.5.2 YPLL 潜在寿命损失年法

2.5.2.1 YPLL 潜在寿命损失年

YPLL 潜在寿命损失年（years of potential life lost）是流行病学中用以衡量疾病负担的一个指标。1982 年美国疾病控制中心首次用它衡量人群疾病负担和分病因疾病负担。YPLL 是指死亡时实际年龄与期望寿命之差：

$$\text{YPLL 总数(人年)} = \sum (EY - DY_i + 0.5) \times DN_i \quad (2\text{-}25)$$

式中，EY 为平均期望寿命，我国平均寿命可取 70 岁；DY_i 为某疾病死亡年龄段组中值；DN_i 为某疾病该年龄段死亡人数。

$$\text{每例平均 YPLL(年／例)} = \text{YPLL 总数} \div \sum DN_i \quad (2\text{-}26)$$

2.5.2.2 健康损失计算

水污染造成的人群健康经济损失主要包括早逝引起的健康损失、住院误工收入损失和医疗费以及急诊病例所引起的门诊费用，可用下面的公式表示：

$$V = V1_i + V2 + V3 \quad (i = 1, 2, 3) \quad (2\text{-}27)$$

$$V1_1 = \text{早逝的 } YPLL \times \text{年人均收入}$$

$$V1_2 = \text{早逝例数} \times \text{每例早逝的统计生命价值 } VSL$$

$$V1_3 = \text{早逝例数} \times \text{每例早逝的支付意愿统计生命价值 } WTP$$

$$V2 = \text{住院病例} \times \text{每患者误工天数} \times (\text{日均收入} + \text{日均医疗费})$$

$$V3 = \text{门诊病例} \times \text{门诊每人次平均费用}$$

$$\text{VSL} = \text{人均 GDP} \times \left[\frac{1 - (1 + g)^n (1 + i)^{-n}}{i - g}\right] \quad (2\text{-}28)$$

式中，V 为城市水污染造成人群健康的经济损失，元；$V1_1$ 为 YPLL 法城市水污染引起早逝造成的健康损失价值，元；$V1_2$ 为 VSL 法城市水污染引起早逝造成的健康损失价值，元；$V1_3$ 为 WTP 法城市水污染引起早逝造成的健康损失价值，元；$V2$ 为城市水污染造成住院误工收入损失和医疗费，元；$V3$ 为城市水污染造成急诊病例所的门诊费用，元；i 为贴现率，%；g 为经济增长速度，%；n 为早逝工作损失时间，年。

2.6　水污染健康风险控制

水的污染对生态环境和人体健康都会带来很大影响，必须采取科学合理的措施减少水污染现象的发生，尽可能控制水污染带来的负面影响，尤其要把水污染对人们健康的损害降至最低。

2.6.1　饮用水风险控制

生活饮用水的常规处理工艺如图 2-4 所示。

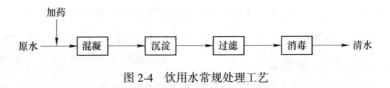

图 2-4　饮用水常规处理工艺

（1）混凝。通过向原水中投加化学药剂使水中的胶体颗粒和细小悬浮颗粒相互聚集，这一过程称为混凝，常见的混凝剂见表 2-22。

表 2-22　给水处理中常用的混凝剂

无机	铝系	硫酸铝、明矾、聚合氯化铝（PAC）、聚合硫酸铝（PAS）
	铁系	三氯化铁、硫酸亚铁、硫酸铁、聚合硫酸铁、聚合氯化铁
有机	人工合成	阳离子型：含氨基、亚氨基的聚合物
		阴离子型：水解聚丙烯酰胺（HPAM）
		非离子型：聚丙烯酰胺（PAM），聚氧化乙烯（PEO）
		两性型
	天然	淀粉、动物胶、树胶、甲壳素等
		微生物絮凝剂

（2）沉淀。絮凝池出来的水进入沉淀池，聚集的颗粒物在重力作用下通过沉淀实现泥水分离，常见的沉淀池包括平流式沉淀池、斜板（管）沉淀池等。

（3）过滤。过滤是指以石英砂等粒状滤料层截留水中悬浮杂质，从而使水获得澄清的工艺过程，包括滤料的反冲洗，常见的滤料见表2-23。

表 2-23　给水处理常见的滤料

类　别	滤料组成			滤速	强制滤速
	粒径/mm	不均匀系数 K_{80}	厚度/mm	/m·h^{-1}	/m·h^{-1}
单层石英砂滤料	$d_{max}=1.2$ $d_{min}=0.5$	<2.0	700	~10	10~14
双层滤料	无烟煤 $d_{max}=1.8$ $d_{min}=0.8$	<2.0	300~400	10~14	14~18
	石英砂 $d_{max}=1.2$ $d_{min}=0.5$	<2.0	400		
三层滤料	无烟煤 $d_{max}=1.6$ $d_{min}=0.8$	<1.7	450	18~20	20~25
	石英砂 $d_{max}=0.8$ $d_{min}=0.5$	<1.5	230		
	重质矿石 $d_{max}=0.5$ $d_{min}=0.25$	<1.7	70		

（4）消毒。消毒是向水中加入消毒剂，灭活水中微生物等病原体，使水的微生物质量满足饮用水的水质要求，但在消毒的过程中也会产生副产物，对人体健康产生一定的影响，如1974年荷兰以及美国学者发现氯消毒能够形成副产物三卤甲烷（THMs）、DBPs等。常

见的消毒剂种类及副产物见表 2-24。

表 2-24   常见的消毒剂种类

消毒剂	特 点	副 产 物
氯	反应速率快	产生氯代消毒副产物
氯胺	反应速率慢	比游离氯减少 50%~80% 的副产物
臭氧	剩余消毒剂不能保证	产生溴酸盐消毒副产物
二氧化氯	反应速率较快	产生副产物亚氯酸盐
紫外线	无剩余消毒剂	不产生消毒副产物

消毒副产物中的 THMs 被公认为能够致癌，DBPs 可能具有生殖毒性、致突变性和致癌性，几种常见 DBPs 的毒性见表 2-25。

表 2-25   几种常见 DBPs 的毒性

DBPs 类别	化合物	毒性等级	毒 害 作 用
三卤甲烷	三氯甲烷	B2	肝肾肿瘤、生殖系统影响
	二溴一氯甲烷	C	神经系统、肝、肾和生殖系统影响
	一溴二氯甲烷	B2	肝肾肿瘤、生殖系统影响
	三溴甲烷	B2	肿瘤、神经系统、肝、肾
卤代乙腈	三氯乙腈	C	致癌、致突变、致畸作用
卤代醛	甲醛	B1	致突变
卤代酚	2-氯酚	D	致癌
卤乙酸	二氯乙酸	B2	致癌、生殖发育的影响
	三氯乙酸	C	肝、肾、脾脏和发育的影响
无机盐	溴酸盐	B2	致癌
	氯酸盐	D	生殖发育

注：毒性主要分为以下等级：A，人类致癌物；B1，很可能的人类致癌物（根据流行病学证据）；B2，很可能的人类致癌物（充足的实验室证据）；C，可能的人类致癌物；D，未分类。

通过以上的分析可以看出，饮用水对人体健康危害较大的是消毒产生的副产物，为降低消毒副产物的危害，可采取以下处理工艺。

（1）混凝沉淀。混凝和沉淀是一般自来水厂常规处理工艺中的最基础的处理单元,加入的混凝剂发生水解,通过静电中和、网捕、吸附架桥、压缩双电层等作用实现对水中颗粒物、大分子有机物、臭味等的去除。

(2)离子交换。自然水体中含有腐殖酸、富里酸、胡敏酸等含有羧基及羟基等弱酸性基团的物质,这些基团在水中可解离为相应的阴离子,通过离子交换树脂可将其去除。

(3)活性炭吸附。活性炭是水处理中最常用的吸附剂,研究发现,采用颗粒活性炭对原水进行吸附处理,THMs 及 HAAs 的前体物去除率可以达到95%和89%。

(4)高级氧化处理。高级氧化工艺可以形成羟基自由基($\cdot$OH),对难降解有机物有很好的处理效果,后来逐渐发展为以 O_3、UV、H_2O_2 为主要氧化剂的高级组合氧化技术,可以控制 DBPs 等消毒副产物。

(5)膜过滤。膜分为反渗透膜(RO)、纳滤(NF)膜、超滤膜和微滤膜等,NF 和 RO 对 NOM 的控制效果较好,有研究表明,NF 对原水中 HAAFP、THMFP、UV_{254} 和 DOC 的控制效率分别达到88%~99%、86%~98%、89%~99%和 86%~93%。

2.6.2 污水处理

污水处理达标后直接排放对人体几乎不会造成影响,但在回用的过程中可能通过口入、呼吸和皮肤接触进入人体,长时间接触可能会对人体产生一定的损害,污水再生利用健康风险的控制一方面通过污水处理技术尽可能降低其中污染物质的浓度,另一方面加强防护减少污染物质进入人体的机会。生活污水污染物种类较为单一,处理工艺较为成熟,对人体产生的健康损害有限,工业废水成分复杂,和人体频繁接触会损害人体健康,但很多工业废水处理达到行业标准后,汇入生活污水处理系统。针对污水处理工艺仅作简要介绍。

(1)生活污水处理常规工艺,如图 2-5 所示。

(2)工业废水处理工艺,如图 2-6 所示。

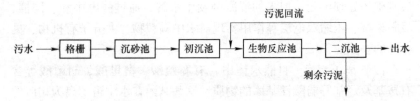

图 2-5 生活污水常规处理工艺

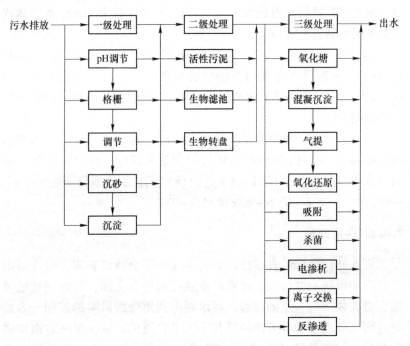

图 2-6 工业废水常规处理工艺

3 大气污染与健康风险评价

　　2013 年，总部设在巴黎的经济合作与发展组织警告说，"城市空气污染预计到 2050 年，将超过脏水和缺少卫生设施，成为全世界死亡率最主要的环境原因。"该组织说，每年最多会有 360 万人可能因空气污染而过早死亡。美国《纽约时报》2016 年 8 月 19 日报道，据研究人员在北京发布的一项研究，空气中被称为 $PM_{2.5}$ 的致命细颗粒物约 40%来自煤炭，这些数字与中国科学家近年来有关工业燃煤与空气污染的关系的说法一致。研究把 2013 年的 15.5 万人的死亡归因于工业燃煤产生的环境污染物质 $PM_{2.5}$，8.65 万人的死亡归因于燃煤发电厂的燃煤，17.7 万人的死亡归因于家庭使用煤炭和生物质燃料的燃烧。

3.1 大 气 污 染

　　空气的成分组成正常情况下是相对稳定的，按照体积分数来计算，氮（N_2）约占 78%，氧（O_2）约占 21%，稀有气体（氦（He）、氖（Ne）、氩（Ar）、氪（Kr）、氙（Xe）、氡（Rn））约占 0.939%，二氧化碳（CO_2）约占 0.031%，其他气体和杂质主要包括臭氧（O_3）、一氧化氮（NO）、二氧化氮（NO_2）、水蒸气（H_2O）等，约占 0.03%。由于自然过程或人类活动引起其他物质进入大气中，久而久之，引起大气成分或构成的改变，某些成分在大气中呈现出足够的浓度，持续足够的时间，并因此影响了人体的舒适、健康和福利或生态环境的改变，形成大气污染，这些物质称为大气污染物。

3.1.1　大气污染物

　　大气污染物按照其存在的状态可分为两大类，一类是气溶胶状态污染物，另一类是气体状态污染物；按照形成的过程可分为一次污染物和二次污染物。一次污染物是指直接从污染源排放到大气中的污染物质，二次污染物是指由一次污染物经过化学反应或光化学反应形成的与一次污染物的物理化学性质完全不同的新的污染物，通常二次污染物的毒性比一次污染物更强，对人们的危害更大。

3.1.1.1　气溶胶状态污染物

　　气体介质以及悬浮在其中的分散粒子所组成的系统称为气溶胶。大气污染中的气溶胶粒子是指沉降速度可以忽略的小固体粒子、液体粒子或固液混合粒子。按照气溶胶粒子的来源和物理性质，可将其分为粉尘、烟、飞灰、黑烟、霾和雾等，具体如表3-1所示。

表3-1　大气中的气溶胶状态污染物

序号	名称	特　点
1	粉尘 （dust）	悬浮于气体介质中的小固体颗粒，受重力作用能发生沉降，在一段时间内能保持悬浮状态。颗粒的形状不规则，尺寸一般是 $1\sim200\mu m$，黏土粉尘、石英粉尘、煤粉、水泥粉尘以及各种金属粉尘等均属于粉尘类大气污染物
2	烟 （fume）	冶金过程形成的固体颗粒的气溶胶，由熔融物质挥发后生成的气态物质的冷凝物，烟颗粒的尺寸很小，一般为 $0.01\sim1\mu m$
3	飞灰 （fly ash）	随燃料燃烧产生的烟气排出的分散得较细的灰分
4	黑烟（smoke）	由燃料燃烧产生的能见气溶胶
5	霾（haze）	大气中悬浮的大量微小尘粒使空气浑浊，能见度降低到10km以下，经常出现在逆温、静风、相对湿度较大的气象条件下
6	雾（fog）	气体中液滴悬浮体的总称，会造成能见度小于1km

大气颗粒物根据粉尘颗粒的大小，还可分为总悬浮颗粒物（total suspended particulate）、可吸入颗粒物（inhalable particles）、细颗粒物（fine particles）。

（1）总悬浮颗粒物（TSP）是指能悬浮在空气中，空气动力学当量直径小于等于 $100\mu m$ 的颗粒物。

（2）可吸入颗粒物（一般称为 PM_{10}）是指能悬浮在空气中，空气动力学当量直径小于等于 $10\mu m$ 的颗粒物。世界卫生组织（WHO）称 PM_{10} 为可进入胸部的颗粒物（thoracic particle）。

（3）细颗粒物（一般称为 $PM_{2.5}$）是指能悬浮在空气中，空气动力学当量直径小于等于 $2.5\mu m$ 的颗粒物。Pooley 与 Gibbs（1996）定义的可入肺颗粒物（能够进入人体肺泡）即指 $PM_{2.5}$。

3.1.1.2 气体状态污染物

大气中的气体状态污染物是以分子状态存在的污染物，总体上可分为五大类，见表 3-2。

表 3-2 大气中的气体状态污染物

序号	类 别	主 要 成 分
1	含硫化合物	以 SO_2 为主，包括 SO_2、H_2S、SO_2、H_2SO_4 等
2	含氮化合物	以 NO 和 NO_2 为主，包括 NO、NH_3、NO_2、HNO_3 等
3	碳的氧化物	CO、CO_2
4	有机化合物	$C_1 \sim C_{10}$ 化合物、醛、酮等
5	卤素化合物	HF、HCl 等

（1）硫氧化物。硫氧化物中最主要的是 SO_2，它是大气污染物中数量较大、影响范围较广的一种污染物，二氧化硫是无色、有刺激性气味的气体，易被氧化成 SO_3，并与水分子结合形成硫酸分子，进一步形成硫酸气溶胶，同时发生化学反应形成硫酸盐。硫酸和硫酸盐可以以硫酸烟雾的形式出现在大气环境中或者以酸雨的形式降落到

地表。

大气中的 SO_2 主要来源于化石燃料的燃烧（如煤、石油），以及硫化物矿石的焙烧、冶炼等过程，火力发电厂、有色金属冶炼厂、硫酸厂、炼油厂和所有烧煤或油的工业锅炉、炉灶等都排放 SO_2 烟气，需要进行脱硫或固硫处理。

（2）氮氧化物。氮氧化物主要包括 NO、NO_2、N_2O、NO_3、N_2O_4、N_2O_5 等，而造成大气污染的氮氧化物通常是指 NO 和 NO_2。NO 毒性不强，但在大气中会慢慢被氧化成 NO_2，NO_2 的毒性约为 NO 的 5 倍，可以参与大气中的光化学反应，形成光化学烟雾。另外，NO_x 和水分子结合最终转化为硝酸（HNO_3）和硝酸盐微粒，以干沉降和湿沉降的形式降落至地表。

大气中的氮氧化物主要来自含氮燃料的燃烧，如各种炉窑、机动车和柴油机的尾气排放等，燃料燃烧产生的氮氧化物约占 83%，另外，硝酸生产、消化过程、炸药生产及金属表面处理等过程都会产生氮氧化物。

（3）碳氧化物。碳氧化物主要包括一氧化碳和二氧化碳，是大气污染物中排放量最大的一类污染物，主要来自燃料燃烧和机动车尾气排放，此外还有森林火灾、农业废弃物焚烧。一氧化碳（CO）是燃料不充分燃烧产生的，是一种窒息性气体，尤其是城市冬季取暖或车流量较大的街道，当气象条件不利于其稀释扩散时，CO 浓度往往较高。二氧化碳是一种无毒气体，却是导致温室效应的最主要的一种温室气体，节能减排成为各国共同面对的问题。我国提出到 2030 年二氧化碳的排放不再增长，达到峰值之后逐步降低，即碳达峰，到 2060 年实现碳中和。在一定时间内，直接或间接产生的温室气体排放总量，通过植树造林、节能减排等形式，抵消自身产生的二氧化碳排放，实现二氧化碳的"零排放"。

（4）碳氢化合物（HC）。又称烃类物质，是形成光化学烟雾的前体物，大气中的挥发性有机物（VOCs）通常是指 $C_1 \sim C_{10}$ 化合物，分为甲烷和非甲烷烃两类，甲烷是在光化学反应中呈惰性的无害烃，人们常以非甲烷烃（NMHCs）的形式来报道环境中的烃浓度。挥发性有机物是光化学氧化剂臭氧和过氧乙酰硝酸酯的主要贡献者，也是温室效应的贡献者，其主要来自机动车尾气排放、燃料燃烧、石油冶炼和有机化工生产等。

（5）卤素化合物。大气中以气态形式存在的卤素化合物大致分为以下三类：卤代烃、氟化物、其他含氯化合物。卤代烃的主要来源包括三氯甲烷（$CHCl_3$）、氯乙烷（CH_3CCl_2）、四氯化碳（CCl_4）等化学溶剂，卤代烃也是有机合成工业的重要原料和中间体，在生产使用中因挥发进入大气。氟化物包括氟化氢（HF）、氟化硅（SiF_4）、氟（F_2）等，主要来自使用萤石、冰晶石、磷矿石和氟化氢的企业，如炼铝厂、炼钢厂、玻璃厂、磷肥厂等。

大气中的二次污染物最常见的是硫酸烟雾和光化学烟雾。硫酸烟雾是大气中的二氧化硫等硫氧化物在有水雾、含有重金属的悬浮颗粒物或氮氧化物存在时，发生一系列化学或光化学反应而生成的烟雾或气溶胶，其危害远大于二氧化硫；光化学烟雾是在阳光的照射下，大气中的氮氧化物、碳氢化合物和氧化剂之间发生一系列光化学反应而生成的蓝色烟雾，主要成分是臭氧、过氧乙酰硝酸酯、酮类和醛类等，其危害也远大于一次污染物。

3.1.2 大气污染源

大气污染物的来源分为天然污染源和人为污染源两类，归纳起来可分为以下一些污染源。

（1）天然污染源。包括火山喷发、森林火灾、飓风、海啸、土壤和岩石的风化以及生物腐烂等自然现象。例如，火山喷发可释放出 CO、CO_2、SO_2、H_2S、HF 等气体以及火山灰等颗粒物，森林火灾可释放出 CO、CO_2、SO_2、NO_2、HC 等气体物质，风沙、土壤扬尘等可增加空气中的颗粒物浓度。

（2）人为污染源。由于人类生产和生活活动而向大气输送污染物的污染源，主要包括以下几个方面：

1）燃料燃烧。燃料燃烧是大气污染物的最重要来源。煤炭的主要成分是碳，还含有氢、氧、氮、硫等元素以及金属化合物，煤的燃烧除产生大量的颗粒物外，还会释放一氧化碳、二氧化碳、二氧化硫、氮氧化物、有机化合物以及烟尘等大气污染物；石油成分复杂，除了碳氢化合物外，还有硫、氮、磷等成分，燃烧时会产生大量的二氧化碳和酸性气体；天然气是一种相对清洁的燃料。农村秸秆的燃烧会向大气中释放颗粒物和二氧化碳等污染物，垃圾的焚烧释放的成分较为复杂，必须进行处理后才能排放。

2）工业废气排放。化工、石油冶炼会产生大量硫化氢、二氧化碳、二氧化硫、氮氧化物等；有色金属冶炼会产生大量二氧化硫、氮氧化物以及含重金属元素的烟尘；钢铁冶炼会产生粉尘、硫氧化物、一氧化碳、硫化氢、酚、苯类、烃类等。工业废气必须经过处理达标后才允许排放。

3）交通尾气排放。交通工具排放的尾气是大气污染物的另一个重要来源，这些交通工具主要以石油作为燃料，排放的废气中含有一氧化碳、氮氧化物、碳氢化合物、含氧有机化合物、硫氧化物和铅的化合物等物质。

4）农业废气排放。喷洒农药时会部分逸散到大气中，附着在作物体上的农药也可挥发到大气中，农药又可以被悬浮的颗粒物吸附，随气流向其他地方输送。道路扬尘增加了大气中颗粒物的浓度，规模化的动物养殖向周围空气释放臭气，散煤使用、秸秆燃烧也会向大气排放一定量的污染物。

3.1.3　大气污染的分类

大气污染根据污染的性质分为还原型大气污染和氧化型大气污染等。

3.1.3.1　还原型大气污染

还原型大气污染也称为煤烟型大气污染，通常发生在以煤炭和石油为主要燃料的地区，燃料燃烧产生的主要污染物是颗粒物、一氧化碳和二氧化硫等。在温度较低、湿度较高、风速很小的气象条件下，这些污染物易在低空生成刺激性的还原性烟雾，逆温条件下会在低空聚集，最典型的还原型污染事件如下。

（1）英国伦敦烟雾事件。伦敦烟雾事件发生在1952年12月4~9日，被称为20世纪十大环境公害事件之一，污染事件发生时，空气中的污染物浓度持续上升，积聚在城市上空，难以扩散，整个伦敦城被黑暗的迷雾所笼罩，这种现象一直持续到12月10日，才被强劲的气流吹散，人们出现胸闷、窒息等不适症状，病人的发病率和死亡率急剧增加。伦敦上空受高压系统控制，大量污染物积聚在上空，上空恰巧出现逆温层，造成大气污染物蓄积。据英国官方的统计，在大雾持续的5天时间里，死亡人数达5000多人，在大雾过去之后的两个月内又有8000多人相继死亡，成为20世纪典型的环境公害事件。

（2）马斯河谷烟雾事件。比利时马斯河谷烟雾事件是20世纪最早记录下的大气污染惨案，事件发生在1930年12月1~5日，也是世界十大公害事件之一。比利时境内沿马斯河24km长的一段河谷地带，两侧山高约90m，许多重型工厂分布在河谷上，包括炼焦、炼钢、电力、玻璃、炼锌、硫酸、化肥等工厂，还有石灰窑炉。从1930年12月1日开始出现逆温层，工厂排出的有害气体和煤烟粉尘大量积累，二氧化硫浓度急剧上升，几千人出现呼吸道疾病症状，共造成63人死亡，为同期正常死亡人数的10.5倍。

（3）美国多诺拉烟雾事件。多诺拉镇坐落在一个马蹄形河湾内侧，两边高约120m的山丘把小镇夹在山谷中，该镇是硫酸厂、钢铁厂、炼锌厂的集中地，这些工厂不断向大气中排放废气。1948年10月26~31日，多诺拉镇上空出现逆温现象，大气中的烟雾越来越厚重，被封闭在山谷中，不能稀释扩散，空气中散发着刺鼻的二氧化硫（SO_2）气味，6000人突然发病，出现眼病、咽喉痛、流鼻涕、咳嗽、头痛、四肢乏倦、胸闷、呕吐、腹泻等症状，20人很快死亡，死者年龄多在65岁以上，大都原来就患有心脏病或呼吸系统疾病，和比利时马斯河谷烟雾事件较为相似。

3.1.3.2 氧化型大气污染

交通工具、工厂等排入大气的碳氢化合物（HC）和氮氧化物（NO_x）等一次污染物在阳光（紫外光）的照射下发生光化学反应生成二次污染物，然后与一次污染物混合，形成浅蓝色烟雾，被称为光化学烟雾（photo-chemical smog），由此形成的大气污染称为氧化型大气污染。

1951 年 A. J. 哈根最先指出光化学烟雾的主要成分臭氧（O_3）是氮氧化物、碳氢化合物和空气的混合物通过光化学反应形成的。美国斯坦福大学的学者指出，形成 O_3 的活性有机化合物和氮氧化物的主要来源是汽车排放的废气。1986 年 Seinfeld 用 12 个化学反应式概括了光化学烟雾的形成过程。

（1）引发反应：

$$NO_2 + h\nu \longrightarrow NO + O$$
$$O + O_2 + M \longrightarrow O_3 + M$$
$$NO + O_3 \longrightarrow NO_2 + O_2$$

（2）链传递反应：

$$RH + \cdot OH \longrightarrow RO_2 \cdot + H_2O$$
$$RCHO + \cdot OH \longrightarrow RC(O)O_2 \cdot + H_2O$$
$$RCHO + h\nu \longrightarrow RO_2 \cdot + HO_2 \cdot + CO$$
$$HO_2 \cdot + NO \longrightarrow NO_2 + \cdot OH$$
$$RO_2 \cdot + NO \longrightarrow NO_2 + R'CHO + HO_2$$
$$RC(O)O_2 \cdot + NO \longrightarrow NO_2 + RO_2 \cdot + CO_2$$

（3）终止反应：

$$OH + NO_2 \longrightarrow HNO_3$$
$$RC(O)O_2 \cdot + NO_2 \longrightarrow RC(O)O_2NO_2$$
$$RC(O)O_2NO_2 \longrightarrow RC(O)O_2 \cdot + NO_2$$

20 世纪 40 年代，美国加利福尼亚州洛杉矶发生典型的光化学烟雾事件，随后，光化学烟雾污染事件在美国其他城市和世界各地相继出现，如日本、加拿大、德国、澳大利亚、荷兰等国的一些大城市都发生过。1971 年，日本东京发生较严重的光化学烟雾事件，不少学生出现中毒、昏迷等现象；1974 年我国兰州的西固石油化工区出现了光化学烟雾现象，甚至周边的一些乡村地区也有光化学烟雾污染的迹象；1997 年夏季，智利首都圣地亚哥发生光化学烟雾事件，汽车尾气排放是光化学烟雾的主要原因。北美、英国、澳大利亚和欧洲地区也先后出现光化学烟雾。

世界卫生组织和美国、日本等许多国家把臭氧或光化学氧化剂（主要包括臭氧、二氧化氮（NO_2）、过氧乙酰硝酸酯（PAN）及其他能使碘化钾氧化为碘的氧化剂）的水平作为判断大气环境质量的标准之一，并据以发布光化学烟雾警报。

3.2　雾　霾

雾霾是我们经常见到的一种大气污染现象，易发生在冬季，对人体健康的影响很大。

雾霾是雾和霾的混合物，雾是由大量悬浮在近地面空气中的微小水滴或冰晶组成的气溶胶系统，空气中的灰尘、硫酸、硝酸等颗粒物组成的气溶胶系统造成视觉障碍的叫霾。雾霾天气是一种大气污染状态，雾霾是对大气中各种悬浮颗粒物含量超标的笼统表述，$PM_{2.5}$被认为是造成雾霾天气的"元凶"。早晚湿度大时，雾占据主要成分，白天湿度小时，霾占据主要成分。雾是自然天气现象，虽然以灰尘作为凝结核，但总体无毒无害；霾的核心物质是悬浮在空气中的颗粒物等污染物质，空气相对湿度低于80%，颜色发黄。雾霾颗粒粒径较小，为可吸入颗粒物，能直接进入并黏附在人体下呼吸道和肺叶中，对人体健康危害较大。

2013年11月5日，中国社会科学院、中国气象局联合发布的《气候变化绿皮书：应对气候变化报告（2013）》指出，近50年来中国雾霾天气总体呈增加趋势。其中，雾日数呈明显减少，霾日数呈明显增加，且持续性霾过程增加显著。卢德彬等人基于长时间序列的遥感反演$PM_{2.5}$数据，分析了1998~2014年我国$PM_{2.5}$的时空格局、空间变化特征以及污染来源，见图3-1。

3.2.1　雾霾形成的原因

雾霾天气的形成主要是由于汽车尾气排放、工厂废气排放、燃放烟花爆竹等人类活动造成的环境污染，再加上气温低、风小等不利的自然条件，尤其是形成逆温时，污染物不易扩散，积聚在近地面低空

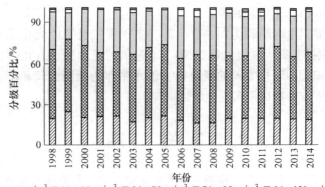

图 3-1   1998~2014 年 $PM_{2.5}$ 年均值分级百分比

中。雾霾形成的原因主要有以下四点：

（1）近地面空气相对湿度比较大；

（2）没有明显的冷空气活动，风力较小，水平方向静风多，垂直方向上存在逆温；

（3）天空晴朗少云，有利于夜间的辐射降温，使得近地面原本湿度比较高的空气饱和凝结形成雾；

（4）汽车尾气、工厂废气、供暖、道路扬尘等造成大气中的可吸入颗粒物 $PM_{2.5}$、PM_{10} 浓度高。

2014 年 1 月 4 日，我国首次将雾霾天气纳入自然灾情进行通报。雾霾天气中，$PM_{2.5}$ 是"罪魁祸首"。城市规模的不断扩大导致城市间稀释空间缩小，是持续性雾霾过程增加的重要原因。二次无机盐颗粒物也是造成雾霾的重要原因之一，但目前并没有得到足够的重视。

3.2.2 雾霾的危害

雾霾含有对人体有害的细颗粒物和有毒物质多达 20 多种，包括酸、碱、盐、胺、酚等，以及尘埃、花粉、螨虫、流感病毒、结核杆菌、肺炎球菌等，其含量是普通大气水滴的几十倍，与雾相比，霾对人的身体健康的危害更大。由于霾中细小粉粒状的飘浮颗粒物直径一般在 $0.01\mu m$ 以下，可直接通过呼吸系统进入支气管，甚至肺部，所以雾霾影响最大的就是人的呼吸系统，造成的疾病主要集中在呼吸道疾病、鼻腔炎症、脑血管疾病等病种上。同时，雾霾天气气压降低，空气中的可吸入颗粒物骤增，空气流动性差，有害细菌和病毒向周围扩散的速度变慢，导致空气中的细菌和病毒浓度增高，容易造成流行性传播疾病。

3.2.2.1　呼吸系统疾病

雾霾包括数百种大气化学颗粒物质，其中有害健康的主要是直径小于10μm的气溶胶粒子，如矿物颗粒物、海盐、硫酸盐、硝酸盐、有机气溶胶粒子、燃料和汽车废气等，它能直接进入并黏附在人体呼吸道和肺泡中。尤其是亚微米粒子会分别沉积于上、下呼吸道和肺泡中，引起急性鼻炎和急性支气管炎等病症。对于支气管哮喘、慢性支气管炎、阻塞性肺气肿和慢性阻塞性肺疾病等慢性呼吸系统疾病患者，雾霾天气可使病情急性发作或加重，如果长期处于这种环境下还会诱发肺癌，对人们的健康危害极大。

钱隆研究得出雾霾对人的心肺机能产生了三大模块的影响，易导致呼吸道及肺组织交叉感染、慢性阻塞性的肺部疾病和肺癌；任泉仲研究得出长期过量的暴露可能会导致肺功能降低、炎症反应、慢性阻塞性肺病、哮喘、肺癌等疾病；罗鹏飞等收集了将近10年国内外关于大气污染与肺癌关系的研究文献，通过归纳整理得出不同地区大气污染对肺癌的影响程度不同。

3.2.2.2　心脑血管系统疾病

雾霾会阻碍血液的正常循环，导致心血管疾病、高血压、冠心病、脑出血，还可能诱发心绞痛、心肌梗死、心力衰竭等，使慢性支气管炎出现肺源性心脏病等，尤其是对老年人的危害更大。雾霾天气气压较低，人的心情压抑，血压自然会有所增高。雾天往往气温较低，高血压、冠心病患者从温暖的室内突然走到寒冷的室外，血管热胀冷缩，也可使血压升高，导致中风、心肌梗死疾病的发生。

张云权等构建时间序列模型研究大气污染对缺血性心脏病的影响，结果显示暴露在雾霾污染状况下会增加罹患缺血性心脏病死亡的风险，并且这种影响存在显著的季节性特征，尤其是在冬季影响最为显著；吴少伟和邓芙蓉通过定性分析的方法分析了在短期和长期情况

下 $PM_{2.5}$ 对人体健康的影响，$PM_{2.5}$ 的长期健康危害主要是引发心血管疾病。顾怡勤和陈仁杰采用时间分层的病例交叉设计，探讨了上海市闵行区大气颗粒物与居民心脑血管疾病死亡之间的关系，研究证明大气颗粒物浓度的升高会导致心脑血管疾病死亡人数的增加。

3.2.2.3　阿尔茨海默病

根据一项英国兰卡斯特大学的 Maher 及其团队发表在《美国国家科学院院刊》上的最新研究发现，雾霾等空气污染，不仅会引起肺部疾病，还会引起脑部疾病，如阿尔茨海默病。

随着我国对环保工作力度的加大，空气质量状况有很大改观。2017 年，我国 338 个地级以上城市的可吸入颗粒物（PM_{10}）年平均浓度比 2013 年下降了 22.7 个百分点，京津冀地区、长三角地区和珠三角地区的细颗粒物（$PM_{2.5}$）浓度相较 2013 年均有大幅下降，这反映我国的"蓝天保卫战"取得了显著的成效。2018 年中国生态环境质量状况公报公布了 2018 年我国不同空气质量级别所占比例，见图 3-2。

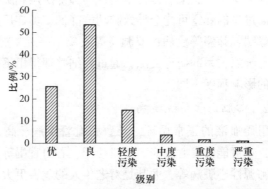

图 3-2　2018 年 338 个城市环境空气质量各级别天数比例

3.3　大气污染健康评价

3.3.1　研究现状

大气中的颗粒物与人群各健康效应终点的流行病学联系最为密

切，国内外学者研究发现居民的呼吸系统和心脑血管疾病发病率、住院人数以及死亡率等都与大气中颗粒物的浓度密切相关，并对大气污染对人体健康造成的经济损失进行了估算，取得了一定的成果。

1998 年，亚洲开发银行预测指出如果中国城市大气环境质量能够达到国家二级标准，每年就可以避免近 17800 例的早死，同时大幅度减少呼吸系统疾病的发病率；中国绿色国民经济核算研究报告指出，2004 年由于大气污染，我国共带来近 35.8 万人的死亡，另外带来约 64 万呼吸系统和循环系统病人住院，导致约 25.6 万新发慢性支气管炎病人，造成的经济损失高达 1527.4 亿元；2007 年世界银行的报告指出，中国城市空气中悬浮颗粒物和二氧化硫等大气污染物的浓度是 WHO 推荐标准的 2～5 倍，1 亿多城市居民呼吸不到清洁的空气。

1967 年 Ridker 的研究被视为大气污染健康损失评价的开端，其使用人力资本法估算出 1958 年美国因大气污染而造成不同疾病死亡的经济损失，达 80.2 亿美元。1985 年，美国肺病协会对大气污染造成的健康损失进行估算，美国因大气污染所引起的直接医疗费用高达 160 亿美元，因病使生产率降低而引起的经济损失为 240 亿美元。根据美国国家空气质量标准中设置的 6 种大气污染物标准来计算，共造成 400 亿美元的经济损失。

Krupnick 在对加州的研究中发现，大气颗粒物是唯一与儿童呼吸道疾病有显著关系的大气污染物。Portney 和 Mullahy 发现大气颗粒物是成人慢性呼吸道疾病的最好的指示污染物。Wijetilleke 和 Karunaratne 提供的世界银行一项报道中，对发展中国家治理空气污染的健康效益进行评估。Knut 建立了空气污染物和健康的剂量效应方程，系统地计算了 1994 年挪威奥斯陆空气污染的社会成本。Quaha 和 Boon 采用损害函数、剂量-效应法估算了新加坡大气颗粒污染物 PM_{10} 造成的健康损失，得出 1999 年损失为 36.62 亿美元，为当年新加坡 GDP 的 4.31%。Ted Boadway 等人对安大略省空气污染的疾病成本进行系统的研究和计量，评估了大气污染引起的健康和经济损害。

国外研究者也对我国大气污染健康损害进行了研究。Vaclav Smil 对中国 1958 年环境污染造成的经济损失进行了计算，1997 年世界银行在《蓝天碧水：21 世纪中国的环境》中保守估计中国大气和水污染造成的损失成本约为 540 亿美元/年，约占 GDP 的 8%。随后到 2007 年，世界银行再一次对中国的环境污染损失进行了估算，以 PM_{10} 作为空气污染指示物，得出 2003 年中国城市与大气污染有关的健康总成本的平均值为 1570 亿~52900 亿元。同时，哈佛大学也对中国的大气污染状况以及由此带来的健康损害进行了一系列研究，模拟了各个行业部门的污染物排放总量和空间分布情况，评估其带来的健康损害，并推算从部门的角度控制污染物排放的收益。1976~1981 年我国 26 个城市大气污染与居民死亡情况调查表明，市区大气污染程度较对照区严重，市区居民肺癌死亡率高于对照区，大气污染程度与居民肺癌死亡率分布是一致的。

周悦先等人对洛阳市大气污染危害人体健康造成的经济损失进行了估算，包括污染引起的额外医疗费用支出、误工损失和早死损失。金银龙等人对我国煤烟型大气污染对人群健康危害进行定量研究，通过建立暴露浓度数学模型和大气颗粒物源解析确定燃煤污染物暴露水平，定量分析污染物对人群健康危害程度，确定了燃煤污染物对人群健康危害的影响程度。王舒曼等人对 1991~1997 年江苏省大气资源价值损失进行估算，损失占当年 GDP 的 2%~3%。韩贵锋等人对西安市的 TSP 污染的健康损失进行了初步估算，1999 年"可持续发展指标体系"课题组对三明市、烟台市环境污染对人体健康损失进行了核算，并建立了真实储蓄率和环境可持续发展指标体系框架。

3.3.2　大气污染健康损失估算方法

学者们针对居民健康损失的研究较多，估算方法多种多样，目前主要根据流行病学的理论方法，通过搜集大气污染物浓度数据以及样本人群的发病率和死亡率，确定大气污染物和疾病之间的暴露响应系数，通过模型推算研究区域居民的健康损失。秦耀辰等人参考了大量的国内外文献，对主要的评估方法进行了归纳汇总，见表 3-3。

表3-3 大气污染对居民健康影响的主要评估方法

研究方法	方法概述	优 点	缺 点
Meta-analysis	采用定量合成手段对收集文献进行统计处理	解决流行病案例匮乏的缺陷	忽视污染水平和医疗条件等因素的差异
Poisson regression	$\Delta I = I \times \{1 - 1/\exp[\beta(c-c_0)]\}$，式中，$\Delta I$ 为健康损失；I 为实际大气污染物的健康风险；β 为暴露响应系数；c 为实际大气污染物浓度；c_0 为大气污染物安全阈值	提供较为精准计算大气污染健康损失的方法	暴露响应系数和大气污染物安全阈值设定存在不确定性
HCA	强调大气污染对体现在劳动者身上的资本所造成的损失	用来核算大气污染诱发早逝和误工损失	暗示富人生命更有价值，儿童、老年人价值低
WTP	基于调查手段估测非市场物品或服务价值的方法	衡量人力资本时兼顾被调查人群偏好	受调查地点、人群等因素影响，存在随意性
COI	适用于计算疾病引起的门诊、住院和药费等	细化大气污染引发疾病的经济损失	难以核算某些慢性疾病的经济损失
I-O 模型	依据投入产出表建立线性关系描述大气污染对经济的冲击	对数据要求低、运用灵活方便	未将价格机制引入，难以模拟混合经济
CGE 模型	在经济各部分建立数量联系，考察劳动力和医疗支出费用变化对宏观经济的影响	能够模拟混合经济下不同产业、经济主体对大气污染的反映	忽视技术进步、企业竞争和劳动力非自愿失业等因素

秦耀辰等人还研究了大气污染物与健康终端之间暴露响应系数，见表3-4。

表3-4 大气污染物与健康终端之间暴露响应系数

污染物	研究区域	年份	确定依据	暴露响应关系
SO_2	上海市	1990	统计回归	浓度每增加 $0.01mg/m^3$，呼吸系统疾病死亡率增加 5%

污染物	研究区域	年份	确定依据	暴露响应关系
NO$_2$	北京市	2003	流行病研究	浓度每增加 $10\mu g/m^3$，心血管疾病死亡率增加 0.40%
	日本	1983~1985	流行病研究	浓度每增加 10×10^{-9}，肺癌死亡率上升 1.17%
	北京市	2011	Meta 分析	浓度每增加 $0.01mg/m^3$，心血管和呼吸系统疾病死亡人数增加 0.0048% 和 0.0039%
TSP	中国	1990~2001	Meta 分析	浓度每增加 $100\mu g/m^3$，慢性总死亡率增加 1.08%，慢性支气管炎和肺气肿死亡风险增加 1.30% 和 1.59%
PM$_{10}$	中国 90 座城市	1981~2000	统计回归	浓度每增加 $100\mu g/m^3$，死亡率增加 3%，平均预期寿命减少 0.52a
	中国	1990~2008	Meta 分析	浓度每增加 $10\mu g/m^3$，人群急性死亡率、呼吸系统疾病和心血管疾病死亡率增加 0.38%、0.65% 和 0.40%
	中国 113 个城市	2006	Meta 分析	浓度每增加 $10\mu g/m^3$，早逝、慢性支气管炎、内科门诊、心血管疾病和呼吸系统疾病住院增加 4.29%、4.50%、0.90%、0.70% 和 0.85%
PM$_{2.5}$	美国 6 个城市	1977~1993	流行病研究	浓度每增加 $10\mu g/m^3$，死亡率上升 14%
	中国京津冀地区	2009	Meta 分析	浓度每增加 $10\mu g/m^3$，呼吸系统疾病和心血管疾病住院人数增加 1.09% 和 0.68%

污染物	研究区域	年份	确定依据	暴露响应关系
O_3	美国 96 个区域	1977~2000	流行病研究	浓度增加 10×10^{-9}，呼吸系统疾病死亡率上升 1.04%
	加拿大	1991~2006	流行病研究	浓度每增加 5%，死亡率上升 1.075%

W. R. Dubourg 采用剂量-效应法研究了英格兰和威尔士因汽车尾气排放的铅造成空气污染而产生的损失，得出了尽管铅污染一般不会造成过早死亡，但仍带来显著经济损失的结论，Quaha 和 Boon 采用损害函数、剂量-效应法估算了新加坡大气颗粒污染物（PM_{10}）造成的健康损失，徐嵩龄、郑易生等以 1993 年为基准年，应用剂量-效应函数的方法，估算得出我国大气环境污染造成的损失为 1085 亿元，占当年 GNP 的 3% 以上。Carbonell 利用冲击路径法推估古巴三座发电厂排放的硫化物对人体健康造成的经济损失。结果显示，电厂每年造成的大气污染的损失为 4059 万美元，平均每千瓦时的损失为 1.06 美分，Mirasgedis 等人应用 IPA 方法估算出雅典地区各类大中型工业活动排放的 PM_{10}、SO_x、NO_x 等工业废气对人体健康、农作物、建筑物造成的经济损失并进行分析，提出了环境政策建议。Maclure 运用病例交叉的研究方法得到了大气污染物浓度短期波动对急性健康效应的影响，美国哈佛大学 6 城市以及美国癌症协会分别运用长期队列研究方法估算了大气污染长期暴露与人群死亡率关系，且其结果得到了美国环保局以健康效应研究所的证实。阚海东以流行病学研究为基础运用剂量反应关系对上海市 2001 年因大气颗粒物造成的经济损失进行了估算，钱孝琳通过综合分析国内外大气细颗粒物（$PM_{2.5}$）短期暴露与人群死亡关系的流行病学资料，获得了 $PM_{2.5}$ 与居民死亡的暴露-反应关系。

Ridker 最早应用人力资本法对美国大气污染造成的经济损失进行了估算。夏光通过运用基本公式，计算得出 1992 年大气污染对人体健康的损失为 201.6 亿元。桑燕鸿等人采用人力修正法，分析大气污染对人体健康影响的经济损失的影响因素，并估算了广东省大气污染引起的过早死亡人力资本损失和大气污染造成的慢性支气管炎发病人力资本损失。王艳使用市场价值法、人力资本法计算了山东省2000~2002年大气污染造成的人体健康、农业生产的经济损失以及每年增加的清洗费用，每年的损失均在150亿元，占当年GDP的1.85%~1.92%。於方推估出全国范围内2004年城市大气污染引发的包括各类疾病损失以及早死亡损失等健康损失，低估值为1703亿元，高估值为6446亿元。陈仁杰评估了2006年我国113个城市中大气PM_{10}对人体健康的影响，并估算了健康损失的经济成本，达3414.03亿元。

杨开忠和王舒曼采用意愿调查法分别核算了北京市和江苏省的大气污染损失，研究表明，在北京研究范围内居民为五年内降低大气污染物质浓度的50%的平均支付意愿是143元/（户•年）（1999年），区域内居民总的支付意愿是3.36亿元/年（1999年），被调查者的家庭收入、教育水平、家庭人口数和年龄等社会经济变量对支付意愿具有显著影响，而江苏每年的大气污染损失高达100亿元。曹洁利用人力资本法和支付意愿法对陕西省大气污染造成人体健康经济损失进行计算，并得出了符合陕西省空气污染对人体健康的经济损失参数等。

3.3.3 我国大气污染健康损失

国内外学者对我国归因于大气污染造成的居民健康损失进行了大量研究，其中，刘玉杰等人以氮氧化物、二氧化硫和烟粉尘作为评价指标，利用疾病成本法和修正人力资本法对2018年我国各省（自治区、直辖市）的大气污染健康经济损失进行了估算，计算出了因大气污染导致早死的经济损失和因大气污染导致疾病患者住院和误工的经济损失，见表3-5。

表3-5 我国各省（自治区、直辖市）的大气污染健康经济损失

（亿元）

地区	早死经济损失	住院和误工经济损失	健康总损失
海南	12.41	0.07	12.48
广东	384.72	1.92	386.65

地区	早死经济损失	住院和误工经济损失	健康总损失
浙江	278.4	1.21	279.61
福建	156.07	0.45	156.51
黑龙江	83.75	0.54	84.29
云南	62.66	0.58	63.24
贵州	58.96	0.48	59.43
湖北	266.75	1.74	268.49
湖南	219.83	1.65	221.48
四川	218.93	1.88	220.8
上海	196.14	0.77	196.91
江西	111.28	0.91	112.2
广西	83.9	0.93	84.82
吉林	74.27	0.45	74.72
青海	13.76	0.1	13.86
江苏	751.63	2.46	754.08
北京	245.19	1.21	246.4
辽宁	198.68	0.97	199.65
安徽	162.92	1.16	164.08
重庆	150.18	0.74	150.92
天津	146.9	0.45	147.35
内蒙古	110.23	0.53	110.76
新疆	54.68	0.8	55.48
甘肃	43.75	0.45	44.2
宁夏	21.01	0.15	21.16
山东	637.69	3.32	641.02
河南	330.73	3.25	333.98
河北	254.96	2.27	257.22

地区	早死经济损失	住院和误工经济损失	健康总损失
陕西	174.55	1.25	175.8
山西	104.18	0.96	105.14

综上所述,大气污染对人们的健康影响很大,可导致居民患呼吸系统疾病或脑血管疾病,严重者会导致死亡。要降低居民患病和死亡的风险,减少大气污染导致的健康损失,必须加大环保督察力度,做好烟气尾气的治理工作,实现大气污染物的达标排放,为居民创造一个优美的生存环境。

[例题 3-1]　黄河三角洲各地区人口数据和可吸入颗粒物(PM_{10})浓度见表 3-6,试估算该地区归因于大气污染的人体健康损失。

表 3-6　黄河三角洲地区人口数据和 PM_{10} 浓度

区　域	总人口/万人	暴露人口/万人	PM_{10}浓度/$\mu g \cdot m^{-3}$
东营	203.7	126.3	160
滨州	375.2	232.6	158
寒亭区	32.7	20.3	162
寿光市	103.9	64.4	162
昌邑市	58.1	36.0	162
乐陵市	69.0	42.8	172
庆云县	31.1	19.3	172
莱州市	85.9	53.3	91
高青县	36.5	22.6	172

解:(1)选择估算方法。该例题考虑人们的急性健康效应造成的损失和超额死亡的损失,由于疾病或死亡的发生都是小概率事件,可采用泊松回归比例危险模型进行估算,模型如下:

$$E = \exp[\beta \times (C - C_0)] \times E_0 \qquad (3-1)$$

式中,β 为暴露-反应关系系数;C 为颗粒物实际浓度;C_0 为颗粒物参考浓度，取国标 $40\mu g/m^3$；E 为污染物实际浓度下的居民健康效应；E_0 为污染物参考浓度下的居民健康效应。

那么归因于大气颗粒物的健康效应 $\Delta E = E - E_0$，居民健康经济损失可以按照下式计算：

$$S = \sum_{i=1}^{n} P \times \Delta E_i \times U_i \qquad (3-2)$$

式中，S 为总经济损失，元；P 为暴露人口数；ΔE_i 为第 i 个健康效应终点归因于大气颗粒物的发病率或死亡率；U_i 为第 i 个健康效应终点的单位经济损失，元。

（2）确定健康效应终点。结合已有资料，该例题选择的健康效应终点包括呼吸系统疾病、心血管疾病、急性支气管炎、哮喘、内科门诊和儿科门诊等急性健康效应以及由于呼吸系统疾病、心脏病和脑血管疾病造成的超额死亡。系数 β 的确定参考国内 Meta 分析结果，多项分析结果时取平均值，具体的 β 值见表 3-7。

表 3-7 目标人群不同健康效应终点对应的暴露-反应关系系数 β

健康效应终点		目标人群	PM$_{10}$暴露-反应关系系数	
			均数 β/%	95%CI
急性健康效应	呼吸系统住院率	全体人群	1.27	(0.47, 2.06)
	心血管疾病住院率	全体人群	0.98	(0.53, 1.43)
	急性支气管炎	全体人群	5.5	(1.89, 9.11)
	哮喘发病率	≥15 岁	0.39	(0.19, 0.59)
	内科门诊	全体人群	0.34	(0.19, 0.49)
	儿科门诊	全体人群	0.39	(0.14, 0.64)
超额死亡	呼吸系统疾病死亡率	全体人群	0.65	(0.35, 0.95)
	心脏病死亡率	全体人群	0.40	(0.31, 0.49)
	脑血管病死亡率	全体人群	0.40	(0.31, 0.49)

（3）确定健康效应终点基线数据。急性健康效应基线数据参考刘晓云等人的数据，呼吸系统疾病、心脏病和脑血管病造成的基线死亡率参考《2010 中国卫生统计年鉴》，具体见表 3-8。

表 3-8　人群健康效应终点基线数据

健康效应终点	急性健康效应						超额死亡率		
	呼吸系统住院率	心血管疾病住院率	急性支气管炎	哮喘发病率	内科门诊	儿科门诊	呼吸系统疾病	心脏病	脑血管病
E_0/‰	5.0	11.5	0.39	56.1	371.71	135.74	0.4186	0.5801	0.7074

（4）确定健康效应终点单位经济价值。急性健康效应的单位经济价值经过收入水平调整，即两地区的单位经济价值比值等于人均年收入的比值，结果见表3-9，超额死亡的单位经济价值按当地当年的人均 GDP 估算。

表 3-9　居民急性健康效应终点的单位经济价值

健康效应终点	呼吸系统住院	心血管疾病住院	急性支气管炎	哮喘	内科门诊	儿科门诊
单位经济价值/元	8115.35	11921.57	82.30	60.58	160.02	160.02
评价方法	COI	COI	WTP	WTP	COI	COI

（5）健康经济损失估算。将相关数据代入估算模型，可得黄河三角洲地区可吸入颗粒物造成的居民急性健康经济损失和超额死亡经济损失，分别见表 3-10 和表 3-11。

表 3-10　黄河三角洲地区 PM_{10} 造成的急性健康经济损失

（万元）

地区	呼吸系统疾病住院	心血管疾病住院	急性支气管炎	哮喘	内科门诊	儿科门诊	合计
东营	843.60	2160.66	3.79	20.56	312.82	131.43	3472.86
滨州	1525.92	3909.42	6.82	37.23	566.37	237.95	6283.70
寒亭区	137.87	353.00	0.62	3.36	51.07	21.46	567.38
寿光市	438.05	1121.62	1.98	10.67	162.28	68.18	1802.78
昌邑市	244.96	627.20	1.11	5.97	90.75	38.13	1008.10
乐陵市	316.82	809.96	1.46	7.68	116.80	49.09	1301.82

续表 3-10

地区	呼吸系统疾病住院	心血管疾病住院	急性支气管炎	哮喘	内科门诊	儿科门诊	合计
庆云县	142.80	365.07	0.66	3.46	52.65	22.13	586.76
莱州市	144.60	374.21	0.55	3.64	55.41	23.24	601.65
高青县	167.59	428.46	0.77	4.06	61.79	25.97	688.64
合计							16313.69

表 3-11　黄河三角洲地区 PM_{10} 造成的超额死亡经济损失　（万元）

地区	超额死亡人数				超额死亡损失
	呼吸系统疾病	心脏病	脑血管病	合计	
东营	43	36	44	123	1431.77
滨州	78	65	80	223	928.64
寒亭区	7	6	7	20	75.41
寿光市	22	19	23	64	289.70
昌邑市	12	10	13	35	138.74
乐陵市	16	13	16	45	134.36
庆云县	7	6	7	20	59.72
莱州市	8	6	8	22	136.96
高青县	8	7	9	24	152.12
合计					3347.42

3.4　大气污染防治

3.4.1　大气质量标准

　　为满足环境保护和人们健康的需要，我国的大气质量标准也在与时俱进，不断修订和完善，及时应对我国大气质量的变化，有效保护公众居民的健康。郭新彪总结了我国大气质量标准的修订过程，见表3-12。

表 3-12   我国大气质量标准制定和修订的过程

时间	空气质量标准	基本情况
1950 年	翻译介绍了《苏联工厂设计卫生标准》	《工业企业设计暂行卫生标准》（101—56）制定的基础
1956 年	《工业企业设计暂行卫生标准》（101—56）	我国第一部涉及大气环境质量的国家标准，涉及 19 项有害物质
1962 年	《工业企业设计卫生标准》（GBJ 1—62）	对《工业企业设计暂行卫生标准》（101—56）的试用和修改，对当时重点工程项目和城市预防性卫生监督起到了重要保证作用
1973 年	《工业"三废"排放标准》	我国第一个国家环境保护标准，规定了一些大气污染物的排放限值
1979 年	修订《工业企业设计卫生标准》	涉及 34 项有害物质
1982 年	《大气环境质量标准》（GB 3095—82）	对总悬浮颗粒物、飘尘、二氧化硫、氮氧化物、一氧化碳、光化学氧化剂制定了浓度限值，每个污染物标准分为三级
1987 年	大气污染防治法	主要针对工业和燃煤污染
1987 年	修订《工业企业设计卫生标准》	修订了大气中铅的卫生标准
1989 年	修订《工业企业设计卫生标准》	修订了大气中飘尘的卫生标准
1996 年	第一次修订《大气环境质量标准》，改为《环境空气质量标准》（GB 3095—96）	增加了二氧化氮、铅、苯并[a]芘、氟化物的浓度限值，将飘尘改为可吸入颗粒物，光化学氧化剂改为臭氧
2000 年	修订《环境空气质量标准》（GB 3095—96）	取消氮氧化物指标，修改了二氧化氮和臭氧的浓度限值
2002 年	修订了《工业企业设计卫生标准》	分为工业企业设计卫生标准和工作场所有害因素职业接触限值
2012 年	《环境空气质量标准》（GB 3095—2012）	调整了环境空气功能区分类，将三类区并入二类区；增设了细颗粒物（$PM_{2.5}$）浓度限值和臭氧 8h 平均浓度限值；调整了 PM_{10}、二氧化氮、铅和苯并[a]芘等的浓度限值；调整了数据统计的有效性规定
2018 年	发布《环境空气质量标准》（GB 3095—2012）修改单	调整标准中不同污染物的监测状态

《环境空气质量标准》（GB 3095—2012）是目前执行的环境空气质量标准，它规定了环境空气功能区分类、标准分级、污染物项目、平均时间及浓度限值、监测方法、数据统计的有效性规定及实施与监督等内容。环境空气污染物基本项目和其他项目的浓度限值见表3-13。

表 3-13 环境空气污染物基本项目和其他项目的浓度限值

污染物项目		平均时间	浓度限值		单位
			一级	二级	
基本项目	二氧化硫（SO_2）	年平均	20	60	$\mu g/m^3$
		24h 平均	50	150	
		1h 平均	150	500	
	二氧化氮（NO_2）	年平均	40	40	
		24h 平均	80	80	
		1h 平均	200	200	
	一氧化碳（CO）	24h 平均	4	4	mg/m^3
		1h 平均	10	10	
	臭氧（O_3）	日最大 8h 平均	100	160	
		1h 平均	160	200	
	颗粒物（粒径 ≤10μm）	年平均	40	70	$\mu g/m^3$
		24h 平均	50	150	
	颗粒物（粒径 ≤2.5μm）	年平均	15	35	
		24h 平均	35	75	
其他项目	总悬浮颗粒物（TSP）	年平均	80	200	
		24h 平均	120	300	
	氮氧化物（NO_x）	年平均	50	50	
		24h 平均	100	100	
		1h 平均	250	250	$\mu g/m^3$
	铅（Pb）	年平均	0.5	0.5	
		季平均	1	1	
	苯并[a]芘（BaP）	年平均	0.001	0.001	
		24h 平均	0.0025	0.0025	

3.4.2 防护措施

大气污染的防治要从能源使用、执法监管、节能减排、个人防护等诸多方面考虑，关键在于源头的控制。

（1）优化能源结构。我国的能源结构呈现典型的"富煤、贫油、少气"特征，2020年我国煤、石油和天然气的消费比重约为56.8%、18.9%和8.4%，太阳能、风能、地热能、生物质能等可再生能源（如图3-3所示）的利用越来越多，一定程度上缓解了化石能源的消耗，但受制于技术因素，目前还无法普及。

图 3-3 几种可再生能源

（a）太阳能；（b）风能；（c）地热能；（d）生物质能

（2）加强执法监管。环境保护法是治理大气污染问题的重要途径，继续完善我国的《大气污染防治法》，不断与时俱进，细化条目，加强执法和监督，建立区域环境联合防控机制，设立举报平台，通过群众监督环境执法行为。

（3）节能减排。

1）推进重点行业颗粒物的控制。各类烟尘、粉尘等颗粒物均需治理达标，升级改造除尘设备，提高除尘效率，确保颗粒物达到排放标准，加快企业脱硫、脱硝设施建设，达到排放标准。

2）推行绿色交通，减少机动车尾气的排放；鼓励绿色出行，推广电动公交车和出租车；发展新能源和混合动力汽车（如图3-4所示）。

图3-4　新能源汽车和共享单车

3）优化产业结构，发展绿色经济，减少污染物排放总量。

（4）个人防护措施。雾霾严重时，尽量减少出门，少开窗；外出要佩戴防护口罩（如图3-5所示）；勤洗脸、漱口、清理鼻腔，多食清肺润肺食品。

图3-5　防护口罩

4 室内空气污染与健康风险评价

美国环保局和加拿大卫生署证实，人类 68% 的疾病与空气污染有关，世界卫生组织把室内空气污染列为 18 类致癌物质之首。加拿大卫生署证实，室内空气污染超过室外的 5 倍，在特殊情况下可达到100 倍。美国环境保护署研究显示室内空气污染比室外严重 2~5 倍，而人的一生有 2/3 的时间在室内度过。WHO 估计，全球范围内约有30 亿人暴露于室内空气污染之中，2013 全球疾病负担研究（Global Burden of Disease Study 2013，GBD 2013）估计每年约有 289 万人因固体燃料燃烧引起的室内空气污染而死亡。根据世卫组织发布的《世卫组织室内空气质量指南》，每年因室内污染而致命者就有约 430万人，受害者中约 34% 死于中风、26% 死于缺血性心脏病、22% 死于慢性阻塞性肺病、12% 死于儿童期肺炎，还有 6% 死于肺癌。从以上的报道可以看出，室内空气质量对人们的健康危害很大。

4.1 室内空气污染

1995 年，甲醛被国际癌症研究机构（IARC）确定为可疑致癌物，2004 年 6 月甲醛上升为第 1 类致癌物质。2010 年 12 月 15 日，世界卫生组织在其总部瑞士日内瓦发布了一份《室内空气质量指南》，这是世卫组织首次公布对身体健康产生影响的室内空气有毒物质的量化标准。世界无醛日启动仪式于 2015 年 4 月 26 日在上海隆重举行，这一天被定为首个世界无醛日，往后每年的 4 月 26 日皆为世界无醛日。现在有足够的证据证明甲醛可以引起鼻咽癌、鼻腔癌、鼻窦癌和白血病等疾病，2016 年发起的"按鼻子救助白血病儿童"公益活动，呼吁社会关注室内甲醛的危害，尤其是室内甲醛对孩子健康的危害，更以实际行动帮助改善生活环境，与人们共创原态生活方式。甲醛是室内空气的一种污染物，室内空气还有其他多种污染物可能危害人体的健康，关于室内空气污染的报道也逐渐增多，室内污染越来越引起人们的高度关注。

国际癌症研究机构（IARC）已发布的《室内空气质量指南》报告中指出，室内空气中的甲醛含量的安全标准是 $0.1mg/m^3$，超标可能会伤害肺部功能，并增加患上鼻咽癌和白血病的概率。白血病是近年来各种儿童癌症中发病率较高的一种，占 30%~40%。根据《中国癌症登记年报》统计，我国 0~14 岁儿童白血病发病率为 3.44/100000，照此计算，每年我国新增 0~14 岁儿童白血病患者约 8000人。医学研究证明，室内甲醛污染已成为儿童白血病高发的主要原因之一，室内空气污染会给人们带来一系列的影响，90%的儿童白血病患者半年内都曾住过新装修的房屋。

2004 年，我国超过美国成为世界上最大的甲醛生产国和消费国，甲醛产生的污染越来越严重，影响着我国居民的身体健康，2002~2004年间文献报道的室内新装修和重装修甲醛水平调查结果显示，有高达69.4% 的监测点甲醛浓度高于国家标准。梁晓军等人研究了我国居室、办公场所和公共场所等室内场所的甲醛浓度，我国部分地区新装修居室甲醛浓度的平均水平见表 4-1，北方地区居民室内甲醛浓度均值为 $0.237mg/m^3$，南方地区为 $0.139mg/m^3$，北方地区甲醛暴露水平明显高于南方，办公场所甲醛浓度平均水平为 $154\mu g/m^3$，低于居民住宅水平，不同类型公共场所室内甲醛浓度平均水平见表 4-2。

表 4-1 我国部分地区新装修居室甲醛浓度平均水平 （$\mu g/m^3$）

地区	北京	天津	重庆	长春	石嘴山	乌鲁木齐	大连	沈阳	哈尔滨
浓度	171	174	269.5	366	430.5	409	130	390	72
地区	十堰	武汉	无锡	南宁	贵阳	海口	贵阳	广州	长沙
浓度	270	164	130	65	240	79	60	75	86
地区	香港	上海	南京	江西	株洲	怀化	益阳	杭州	
浓度	15	152.5	200	250	29	33	91	107	

表 4-2 我国不同类型公共场所室内甲醛浓度平均水平 （μg/m³）

场所	饭店	KTV	健身房	按摩房	商场	图书馆
浓度	126.8	224.9	71.5	345	170	37
场所	食堂	火车	汽车	超市	旅店	公共场所
浓度	55	69.5	330	70	48.9	137

除了甲醛以外，室内还存在其他有害污染物，如苯系物、颗粒物、微生物、放射性元素等，对人体健康带来一定影响。

李丹丹等人测定了青岛市城市居民室内环境空气质量状况，包括非采暖季和采暖季温度、相对湿度、$PM_{2.5}$、PM_{10}、甲醛、苯、甲苯、二甲苯、NO_2、菌落总数、真菌总数等，非采暖季室内空气真菌总数、NO_2、甲醛、PM_{10}和菌落总数污染的不合格率分别为 48.4%、37.3%、20.6%、4.76%和 3.97%，采暖季室内空气 PM_{10}、$PM_{2.5}$、真菌总数、菌落总数和甲醛污染的不合格率分别为 39.8%、37.0%、28.7%、9.26%和 7.41%，室内污染物的具体含量见表 4-3。

表 4-3 非采暖季与采暖季室内空气相关指标测定结果分析

指 标	非采暖季 (n=126)				采暖季 (n=108)				国标限值
	中位数	最小值	最大值	不合格率/%	中位数	最小值	最大值	不合格率/%	
甲醛 /μg·m⁻³	67	25	281	20.6	50	25	160	7.41	100
苯 /μg·m⁻³	0.05	0.05	15	0	2.4	0.05	47	0	110
甲苯 /μg·m⁻³	0.05	0.05	13	0	1.3	0.05	8	0	200
二甲苯 /μg·m⁻³	0.05	0.05	10	0	2.5	0.05	35.2	0	200
NO_2 /μg·m⁻³	203	28	480	37.3	51	9.5	197	0	240

续表 4-3

指　标	非采暖季（$n=126$）				采暖季（$n=108$）				国标限值
	中位数	最小值	最大值	不合格率/%	中位数	最小值	最大值	不合格率/%	
$PM_{2.5}$ /$\mu g \cdot m^{-3}$	21.5	9.34	68.8	0	54.7	13.9	272	37	75
PM_{10} /$\mu g \cdot m^{-3}$	46.7	22	225	4.76	130	59.2	769	39.8	150
菌落总数 /$CFU \cdot m^{-3}$	781	42	3548	3.97	776	53	5435	9.26	2500
真菌总数 /$CFU \cdot m^{-3}$	475	11	2873	48.4	292	25	3417	28.7	500

4.2　室内空气污染健康评价

通过前面的介绍可以看出，室内空气污染物种类较多，相对封闭的室内空气环境不利于污染物的稀释扩散，对人们的健康影响较大，下面介绍常见的室内空气污染物以及对人体健康的危害。

4.2.1　室内空气污染物及危害

室内空气污染物大致可分为气态污染物和颗粒污染物两大类，气态污染物包括甲醛、苯系物、氨、TVOC、放射性元素（如氡）等。下面介绍室内空气污染物的种类及可能对人体产生的危害。

4.2.1.1　甲醛

甲醛（HCHO），又称蚁醛、福尔马林，是一种无色、具有强烈刺激性气味的气体，在我国有毒化学品优先控制名单上高居第二位，主要来自刨花板、密度板、纤维板、胶合板等各种人造板和胶黏剂、墙纸等建筑装潢材料，室温下就容易释放出来，释放时间长达3~15年。

甲醛已经被世界卫生组织确定为致癌和致畸形物质，是公认的变态反应源，可导致孕妇产生妊娠综合征，流产、早产、新生儿染色体异常、畸形，甚至死亡。甲醛会诱发人的眼部疾病、皮肤过敏、鼻咽不适、咳嗽、急慢性支气管炎、肺炎、肺水肿等呼吸系统疾病，严重时可致鼻癌、咽喉癌等各种癌症以及白血病、心脑血管疾病等。甲醛亦可造成恶心、呕吐、肠胃功能紊乱、头痛等。甲醛对儿童、孕妇和老人的影响较为明显，据美国医学部门调查，甲醛是造成 3~5 岁儿童哮喘病增加的主要原因之一。

2009 年美国国家癌症研究所指出，频繁接触甲醛的化工厂工人死于血癌、淋巴癌等癌症的概率比其他人高很多，长期接触甲醛增大了患上霍奇金淋巴瘤、多发性骨髓瘤、骨髓性白血病等特殊癌症的概率。

4.2.1.2 苯系物

苯系物主要包括苯、甲苯、二甲苯等，无色，具有特殊的芳香气味，俗称芳香杀手，是煤焦油蒸馏或石油裂化的产物，常温下可挥发形成苯蒸气，温度愈高，挥发量愈大。

苯系物超标会导致人体造血功能紊乱，红细胞、白细胞、血小板等减少，还可导致不孕不育、胎儿先天性缺陷等。短时间吸入大量苯系物可造成急性轻度中毒，表现为头痛、头晕、咳嗽、胸闷，继续吸入可发展为重度中毒，导致病人神志不清、血压下降、肌肉震颤、呼吸不畅、脉搏快而弱，长期低浓度接触可发生慢性中毒，导致头晕、头痛、记忆力下降、失眠等，严重者可发生再生障碍性贫血、白血病等疾病。

4.2.1.3 氨

氨是一种碱性物质，无色，具有强烈刺激性臭味，比空气轻，对皮肤组织有腐蚀和刺激作用，可以吸收皮肤组织中的水分，使组织蛋白变性，并使组织脂肪皂化，破坏细胞膜结构，浓度过高时具有腐蚀作用，还会引起心脏停搏和呼吸停止。氨被吸入肺后通过肺泡进入血液，与血红蛋白结合，破坏运氧功能。长期接触氨会导致皮肤色素沉积或手指溃疡等症状，短期内吸入大量氨可出现流泪、咽痛、声音嘶哑、咳嗽、呼吸困难等症状，严重者可发生肺水肿、成人呼吸窘迫综合征。

4.2.1.4 总挥发性有机化合物（TVOC）

挥发性有机物（VOC）是指室温下饱和蒸气压超过133.32Pa的一类有机物，其沸点为50~250℃，常温下可蒸发，可闻到一种特殊的气味，它具有毒性、刺激性和致癌性，会影响人的皮肤和黏膜，对人体产生急性损害。

总挥发性有机物（TVOC）是空气中三种有机污染物（多环芳烃、挥发性有机物和醛类化合物）中影响较为严重的一种，分为烷类、芳烃类、烯类、卤烃类、酯类、醛类、酮类和其他八类。TVOC能引起机体免疫水平失调，影响中枢神经系统功能，出现头晕、头痛、嗜睡、无力、胸闷等症状，影响消化系统，出现食欲不振、恶心等，严重时可损伤肝脏和造血系统，出现变态反应等，甚至引起死亡。

4.2.1.5 氡

氡是一种放射性气体，由镭衰变产生，无色，无味，无臭，普遍存在于我们的生活环境中。从20世纪60年代末期首次发现室内氡的危害至今，氡对人体的辐射伤害占人体所受到的全部环境辐射的55%以上，其发病潜伏期大多都在15年以上。氡已被国际癌症研究机构（IARC）列入室内重要致癌物质，美国环保局也将氡列为最危险的致癌因子。建筑物的地基和周围的土壤约占室内氡的60.4%，来自建筑材料和室外空气的分别占19.5%和17.8%。

氡对人类的危害主要表现为确定性效应和随机性效应。确定性效应主要指在高浓度氡的暴露下，机体出现血细胞的变化，氡对人体脂肪有很高的亲和力，与神经系统结合后危害更大。随机效应主要表现为诱发肿瘤，氡气经呼吸道进入肺，衰变时放出射线，使肺细胞受损，氡衰变过程中释放的粒子会破坏细胞组织的DNA，诱发癌症。同时，氡在液体和脂肪中有较高的溶解度，它会聚集在脂肪较多的器官中，对人体造成危害。氡子体所放射的 α 射线是构成人体肺癌和血液病的主要原因之一。

研究人员指出，如果生活在室内氡浓度为200Bq/m³的环境中，相当于每人每天吸烟15根。氡是除吸烟以外引起肺癌的第二大因素，世界卫生组织把它列为19种主要的环境致癌物质之一，国际癌症研究机构也认为氡是室内重要的致癌物质。

4.2.1.6 其他污染物

室内空气除了上述有害污染物之外，还包含可吸入颗粒物（PM）、氮氧化物（NO_x）、二氧化硫（SO_2）、一氧化碳（CO）和臭氧（O_3）。

汽车尾气、燃料燃烧、厨房油垢、香烟烟雾、建筑材料等是室内悬浮颗粒物的主要来源，包括PM_{10}和$PM_{2.5}$，可吸入颗粒物可以通过呼吸道进入人体，部分颗粒物还可穿过肺泡上皮，经肺组织间隙进入血液循环，引发多种疾病。张亚娟的研究表明，妊娠后前3个月和分娩前3个月大气颗粒物浓度升高可能会增加出生缺陷的发生风险。薛小平的研究显示，PM_{10}和$PM_{2.5}$在怀孕中期和怀孕后期是发生出生缺陷的危险因素。NO_2是汽车尾气的主要成分之一，影响胎儿胎盘的正常生理和生化反应，增加先天性心脏病、畸形患儿发生的概率，有研究表明，NO_2和O_3在怀孕初期对新生儿出生缺陷有影响，CO在怀孕初期和中期对出生缺陷有影响，SO_2对怀孕的任何时期都有影响。

4.2.2 室内空气污染物的来源

室内空气污染的来源是多方面的，主要包括建筑材料、室内装修和家具、室内燃料燃烧等，具体如下。

（1）建筑材料。建筑材料及装饰材料释放的有害物质主要有氡、甲醛、苯、氨和挥发性有机化合物（TVOC），建筑材料的种类不同，释放的污染物质也有所不同，见表4-4。

表4-4　建筑材料及释放的空气污染物

序号	种　类	污　染　物
1	无机建筑材料，包括砂、石、砖、瓦、水泥、陶瓷、玻璃、混凝土、石灰、石膏等	放射性元素，如镭（^{226}Ra）
2	涂料	苯、游离甲醛、挥发性有机化合物
3	胶黏剂	挥发性有机化合物、苯、游离甲醛
4	水性阻燃剂、防水剂、防腐剂、防虫剂	挥发性有机化合物、游离甲醛

序号	种 类	污 染 物
5	混凝土防冻剂	尿素和氨水为主要原料的防冻剂，随着环境因素的变化被还原成氨气释放出来
6	土壤地基	氡，低层住房室内氡含量较高

（2）室内装修及新家具。室内装修材料如油漆、涂料、胶合板、刨花板、泡沫填充材料、塑料贴面等会释放甲醛、苯及苯系物，见表4-5。

表4-5 室内装修释放的空气污染物

序号	种 类	污 染 物
1	油漆	苯及苯系物
2	胶合板、细木工板、纤维板和刨花板等人造板材	甲醛、苯及苯系物
3	泡沫隔热材料、塑料板材	苯及苯系物
4	室内装饰材料中的添加剂和增白剂	氨，释放速率较快，不会在空气中长期大量积存
5	壁纸、地毯、挂毯和窗帘	TVOC

（3）室内燃烧或加热。包括室内燃料燃烧（燃煤取暖、植物秸秆等）以及烹调时食油和食物加热后的产物，会产生二氧化硫、氮氧化物、一氧化碳、二氧化碳、烃类（包括苯并芘等致癌多环芳烃）及悬浮性颗粒物等。Bonjour等人估算出全球大约30亿人使用固体燃料进行炊事，而对中国南方地区的研究结果表明，人们使用砖灶燃烧生物质时约有14%的CO和28%的$PM_{2.5}$泄漏于室内。2019年全球因室内$PM_{2.5}$暴露导致的过早死亡人数高达230万，中国和印度分别为36万和61万，室内$PM_{2.5}$暴露导致伤残调整生命年（DALY）为9100万，中国和印度分别为874万和2089万。众多的研究表明室内燃料燃烧是室内空气污染物的重要来源，严重危害人们的健康。

（4）吸烟。烟草中含有有害物质尼古丁，不完全燃烧还会释放一氧化碳等，对人体健康危害极大。

4.2.3　室内空气污染与健康评价

4.2.3.1　室内空气污染的致病性

前面对我国部分省市的室内空气污染状况进行过介绍，同时介绍了室内不同场所下污染物的浓度。很多学者开展了我国室内空气污染状况监测和致病情况研究，其中较为全面的是殷鹏等人的研究，他们对比研究了 1990 年与 2013 年我国各省归因于室内空气污染的相关疾病及负担分析，2013 年我国 5 岁以下儿童下呼吸道感染中有 14.9% 是由室内空气污染造成的，32.5% 的慢性阻塞性肺部疾病（COPD）、12.0% 的缺血性卒中、14.2% 的出血性卒中、10.9% 的缺血性心脏病和 13.7% 的肺癌是由室内空气污染造成的，室内空气污染导致的死亡人数达到 80.7 万例。

殷鹏等人得出 2013 年我国室内空气污染导致各类疾病死亡的人群归因分值（population attributable fraction，PAF）、死亡例数、死亡数及伤残调整寿命年（disability-adjusted life years，DALY）及标化 DALY 率，见表 4-6，我国各省 1990 年和 2013 年归因于室内空气污染的 PAF、死亡数及 DALY 情况见表 4-7。中国疾控预防中心慢性非传染性疾病预防控制中心周脉耕研究团队对 1990~2017 年中国各省大气污染所致的死亡疾病负担和期望寿命损失进行了估计，其中2017 年我国各地因室内空气污染导致的标化 DALY 率见表 4-8。

表 4-6　2013 年中国室内空气污染导致疾病死亡的 PAF、

死亡例数、DALY 及标化 DALY 率

疾病种类	PAF/%			死亡例数/万			DALY/万人年			标化 DALY 率/10 万		
	男	女	合计	男	女	合计	男	女	合计	男	女	合计
5 岁以下儿童下呼吸道感染	14.9	15.0	14.9	1.5	1.3	2.8	40.9	28.0	68.9	70.5	52.1	61.3
慢性阻塞性肺部疾病	26.7	40.6	32.5	14.2	15.4	29.6	237.1	228.9	466.0	370.8	335.6	353.0

疾病种类	PAF/%			死亡例数/万			DALY /万人年			标化 DALY 率 /10 万		
	男	女	合计	男	女	合计	男	女	合计	男	女	合计
缺血性卒中	12.6	11.2	12.0	5.2	3.6	8.8	98.2	54.5	152.7	140.8	78.0	109.1
出血性卒中	14.9	13.3	14.2	10.4	6.5	16.9	247.0	131.7	378.7	321.0	175.3	248.6
缺血性心脏病	11.5	10.1	10.9	9.2	6.0	15.2	203.3	98.9	302.2	272.4	137.4	205.3
肺癌	9.8	24.0	13.7	3.9	3.6	7.5	86.2	74.5	160.7	115.1	99.6	107.3
合计	8.0	10.1	8.8	44.3	36.4	80.7	912.7	623.4	1536.1	1290.6	888.5	1090.3

4.2.3.2　室内空气污染健康风险评价

室内空气污染物对人体产生的健康风险可通过相关模型来评价。

（1）致癌效应健康风险评价。美国环境保护局（EPA）提供了一种致癌风险评价模型，公式如下：

$$\xi = LADD \times PF \tag{4-1}$$

式中，ξ 为致癌风险，USEPA 推荐的安全限值为 1×10^{-6}；$LADD$ 为平均日暴露剂量，$mg/(kg \cdot d)$；PF 为斜率因子，$kg \cdot d/mg$。$LADD$ 可通过下面的公式来计算：

$$LADD = CA \times IR \times ET \times EF \times ED /(BW \times LT) \tag{4-2}$$

式中，CA 为空气中的污染物质量浓度，mg/m^3；IR 为呼吸速率，m^3/h，m^3/d；ET 为每日暴露时间，h/d；EF 为暴露频率，d/a；ED 为暴露持续时间，a；BW 为体重，kg；LT 为终生暴露时间，d。参照美国 EPA 的 IRIS 数据库，甲醛的斜率因子 PF 取 $0.046 kg \cdot d/mg$，成年男性、成年女性的呼吸速率 IR 分别取 $15.2 m^3/d(0.63 m^3/h)$ 和 $11.3 m^3/d(0.47 m^3/h)$。

（2）非致癌效应健康风险评价。非致癌效应健康风险评价模型如下：

$$HI = C_{nc}/RfC \tag{4-3}$$

$$C_{nc} = (C \times EF \times ED \times ET)/(24AT) \tag{4-4}$$

式中，HI 为非致癌危害系数，$HI<1$ 表示甲醛带来的非致癌健康风险可接受，$HI \geq 1$ 表示暴露剂量超过阈值，可能带来健康损害；RfC 为

表 4-7 1990 年与 2013 年中国各省（自治区、直辖市）归因于室内空气污染的 PAF、死亡及 DALY 情况比较

省（自治区、直辖市）	PAF/%			死亡例数/万			DALY/万人年			标化死亡率/10万			标化 DALY 率/10万		
	1990年	2013年	变化率/%	1990年	2013年	变化率/%	1990年	2013年	变化率/%	1990年	2013年	变化率/%	1990年	2013年	变化率/%
安徽	11.5	9.8	-15.0	4.7	4.4	-5.4	115.5	76.2	-34.0	154.1	73.4	-52.4	2846.3	1164.2	-59.1
北京	8.6	1.1	-87.6	0.5	0.1	-80.3	11.6	2.0	-82.8	73.5	5.6	-92.4	1316.7	90.4	-93.1
重庆	14.0	10.8	-22.5	2.0	2.6	29.7	47.9	44.1	-7.8	197.6	80.6	-59.2	3950.7	1267.0	-67.9
福建	12.9	3.4	-73.7	2.5	0.8	-68.0	57.7	13.6	-76.5	160.3	25.8	-83.9	2844.5	393.3	-86.2
甘肃	13.2	13.9	5.1	2.1	2.2	5.2	59.9	45.8	-23.5	224.8	118.0	-47.5	4184.6	1915.8	-54.2
广东	11.5	3.9	-65.7	4.5	2.1	-53.5	89.7	35.2	-60.8	118.9	26.6	-77.6	2049.2	402.5	-80.4
广西	13.4	10.8	-19.2	4.6	4.0	-12.8	109.1	71.1	-34.8	184.1	94.4	-48.7	3571.9	1534.0	-57.1
贵州	15.2	13.7	-10.3	4.5	3.7	-18.0	154.0	74.3	-51.8	244.0	128.5	-47.3	5666.1	2233.0	-60.6
海南	10.9	8.5	-21.6	0.6	0.4	-19.8	12.6	7.4	-41.3	140.9	56.7	-59.7	2679.1	893.5	-66.6
河北	12.8	8.6	-32.2	4.9	4.5	-9.5	113.8	97.1	-14.7	134.0	68.2	-49.1	2550.5	1261.1	-50.6
黑龙江	13.5	10.9	-19.8	3.2	2.9	-10.9	86.8	63.6	-26.7	201.1	79.3	-60.6	4056.1	1437.7	-64.6
河南	13.1	11.3	-13.7	8.6	7.2	-16.4	208.9	140.3	-32.8	166.8	89.5	-46.4	3275.1	1532.4	-53.2
湖北	10.8	8.1	-25.1	4.4	3.2	-26.9	113.0	61.8	-45.3	149.4	61.0	-59.1	2919.6	1001.5	-65.7
湖南	12.6	10.9	-13.2	6.4	5.3	-16.3	159.3	96.6	-39.4	182.1	81.5	-55.2	3481.0	1337.6	-61.6
内蒙古	14.1	12.6	-10.3	2.1	2.0	-2.8	57.6	44.7	-22.4	211.6	97.4	-54.0	4243.2	1728.2	-59.3
江苏	11.5	4.7	-59.4	5.1	2.5	-51.2	100.1	39.1	-60.9	115.0	28.8	-75.0	1898.2	419.6	-77.9

续表 4-7

省（自治区、直辖市）	PAF/%			死亡例数/万			DALY/万人年			标化死亡率/10万			标化DALY率/10万		
	1990年	2013年	变化率/%	1990年	2013年	变化率/%	1990年	2013年	变化率/%	1990年	2013年	变化率/%	1990年	2013年	变化率/%
江西	11.9	9.4	-20.9	3.5	2.5	-28.7	97.6	47.3	-51.5	180.6	72.0	-60.1	3531.0	1163.0	-67.1
吉林	12.8	10.1	-21.1	2.2	1.8	-17.4	56.7	39.7	-29.9	174.4	70.6	-59.5	3514.1	1261.1	-64.1
辽宁	12.9	8.2	-36.4	3.2	2.9	-9.7	70.9	57.0	-19.5	132.0	58.3	-55.8	2440.4	1017.9	-58.3
宁夏	8.6	8.2	-4.6	0.3	0.3	4.2	8.3	5.7	-30.9	131.7	66.9	-49.2	2656.4	1103.1	-58.5
青海	10.0	10.1	0.8	0.4	0.4	9.2	12.6	9.3	-26.1	210.4	111.0	-47.2	4400.4	1981.4	-55.0
陕西	10.5	9.9	-5.7	2.6	2.2	-15.8	71.4	47.1	-34.1	155.5	71.6	-54.0	3044.3	1235.0	-59.4
山东	14.1	9.0	-36.3	8.1	6.5	-19.6	166.5	118.1	-29.1	153.1	65.5	-57.2	2688.7	1072.8	-60.1
上海	7.2	0.4	-93.9	0.6	0.1	-91.2	11.0	0.8	-92.9	53.3	2.0	-96.3	834.3	27.0	-96.8
山西	13.3	9.6	-28.2	2.8	1.9	-31.3	74.3	39.6	-46.7	176.9	68.7	-61.1	3530.6	1149.4	-67.4
四川	13.2	11.4	-13.3	12.7	7.8	-38.7	348.7	133.2	-61.8	200.1	91.8	-54.1	4254.7	1446.0	-66.0
天津	12.5	3.0	-76.0	0.8	0.2	-74.8	17.1	3.6	-78.9	125.3	15.6	-87.5	2397.1	250.8	-89.5
西藏	6.3	6.6	4.2	0.2	0.1	-27.1	6.2	3.4	-45.1	132.3	72.0	-45.6	3360.7	1529.3	-54.5
新疆	9.0	10.0	10.4	1.3	1.5	12.3	45.0	37.5	-16.6	169.8	102.1	-39.9	3869.6	1944.1	-49.8
云南	11.4	10.3	-9.8	3.7	3.2	-14.6	113.5	61.6	-45.7	184.0	89.7	-51.2	3899.0	1513.6	-61.2
浙江	11.7	2.8	-76.4	3.2	0.8	-74.7	60.3	11.8	-80.5	117.1	15.0	-87.2	1896.6	198.6	-89.5
合计	12.5	8.8	-29.1	106.9	80.7	-24.5	2666.8	1536.1	-42.4	158.8	64.6	-59.3	3103.7	1090.3	-64.9

表 4-8　2017 年我国各地因室内空气污染导致的标化 DALY 率

省（市、区）	标化 DALY 率 /10 万	省（市、区）	标化 DALY 率 /10 万	省（市、区）	标化 DALY 率 /10 万
安徽	377.2	河南	410.5	山东	249.8
北京	22.8	湖北	325.8	上海	18.7
重庆	352.5	湖南	459.8	山西	351
福建	156.7	内蒙古	527.2	四川	503.2
甘肃	813.1	江苏	130.9	天津	61.8
广东	130.7	江西	560.3	西藏	1804.5
广西	504.1	吉林	317.2	新疆	640.7
贵州	838.0	辽宁	216.2	云南	857.3
海南	426.3	宁夏	436.3	浙江	83.1
河北	295.2	青海	763.8		
黑龙江	425.7	陕西	387.8		

污染物的日平均最高剂量估计值，为 9.83×10^{-3} mg/m³；C_{nc} 为非致癌反应暴露量，mg/m³；C 为污染物平均浓度（中位数，mg/m³）；EF 为暴露频率，365d/a；ED 为暴露持续时间，a；ET 为暴露时间，h/d；AT 为平均暴露量的时间段，365d/a×ED。

[例题 4-1]　某房间室内甲醛浓度为 0.1mg/m³，成年男性、成年女性的呼吸速率 IR 分别为 0.63m³/h 和 0.47m³/h，每日暴露时间 ET 为 12h，暴露时间 EF 为 365 天，暴露持续时间 ED 为 30 年，平均体重 BW 为 70kg，终生时间 LT 为 365d/a×30a。

（1）致癌风险评价。

成年男性　$LADD_1 = 0.1 \times 0.63 \times 12 \times 365 \times 30/(70 \times 365 \times 30)$
$$= 0.0108 \text{mg}/(\text{kg} \cdot \text{d})$$

成年女性　$LADD_2 = 0.1 \times 0.47 \times 12 \times 365 \times 30/(70 \times 365 \times 30)$
$$= 0.00806 \text{mg}/(\text{kg} \cdot \text{d})$$

参照美国 EPA 的 IRIS 数据库，甲醛的斜率因子 PF 取 0.046 kg·d/mg，可算得男女的致癌风险 ξ 分别为 4.97×10^{-4} 和 3.71×10^{-4}，

均大于 USEPA 推荐的安全限值为 $1×10^{-6}$，说明室内甲醛对居民存在致癌风险。

（2）非致癌风险评价。

$$C_{nc} = (0.1 × 365 × 30 × 12)/(24 × 365 × 30) = 0.05\text{mg/m}^3$$

日平均最高剂量估计值 RfC 为 $9.83×10^{-3}\text{mg/m}^3$，那么可算得非致癌危害系数 HI 为 5.1 大于 1，说明暴露剂量超过了阈值，可能对居民带来健康损害。

针对我国室内空气污染物对人体产生的健康风险开展了大量的研究工作，表 4-9 中列举了我国部分省市不同场所下室内污染物的致癌风险。

表 4-9　我国部分省市不同场所下室内污染物的健康风险

城市	场所	污染物	致癌风险	参考文献
北京	百货商场、寺庙、餐饮场所、服装批发市场	甲醛	男性大于女性，服装批发市场最高，男性为 $1.64×10^{-4}$，女性为 $1.54×10^{-4}$	王政，张金萍，张佳琳等，2021
上海	大型展会室内	甲醛、苯、甲苯、二甲苯、氨和 TVOC	男性、女性的致癌风险分别为 $4.2×10^{-5}$、$3.8×10^{-5}$，为低风险	张莉萍，倪骏，郑毅鸣等，2021
重庆	住宅	苯和甲醛	苯的致癌风险 10^{-6} ～ 10^{-4}，甲醛的致癌风险大于 10^{-4}	张春光，2017
湖南	住宅	苯和甲醛	苯和甲醛致癌风险分别为 $1.25×10^{-4}$、$5.36×10^{-4}$	刘建龙，谭超毅，张国强等，2008
河南	酒店、理发（美容）店	甲醛	致癌风险大于 10^{-4}	闫晓娜，彭靖，王永星等，2022
长春	居室	甲醛	45% 的致癌风险为 $(0.890～1.78)×10^{-4}$	高歌，张学艳，王兴雯等，2017
贵阳	卧室、客厅、厨房、办公室、教室	苯和甲醛	成年男性和成年女性苯的致癌风险分别为 $1.63×10^{-4}$、$1.40×10^{-4}$，甲醛致癌风险分别为 $6.05×10^{-4}$、$5.23×10^{-4}$	李浥浥，程艳丽，颜敏等，2008

城市	场所	污染物	致癌风险	参考文献
济南	超市、办公室、餐厅	PAHs	超市、办公室、餐厅致终身肺癌风险分别为 $0.6×10^{-3}$、$0.9×10^{-3}$ 和 $6.5×10^{-5}$	孟川平、杨凌霄、董灿等，2013
西安	新装修办公室、教室、实验室、银行和医院	甲醛	致癌风险为 $1.73×10^{-5} \sim 1.25×10^{-4}$，男性大于女性	范洁，樊灏，沈振兴等，2021
深圳	酒店、商场、歌舞厅、美容美发店、电影院、医院候诊室、候车室	甲醛	从业人员致癌风险大于 $1×10^{-6}$，电影院达 $1.02×10^{-4}$	王荀，庄武毅，蔡文等，2016
武汉	新装修住宅	甲醛	男性和女性终身癌症风险值分别为 $2.82×10^{-4}$、$2.14×10^{-4}$	孙芳，刘俊玲，何振宇，2015
兰州	餐饮业和商场	TVOC、甲醛	致癌风险为 $3.83×10^{-5} \sim 9.13×10^{-5}$	顾天毅，2018
杭州	新装修室内	苯	致癌风险男女分别为 $7.72×10^{-6}$、$8.62×10^{-6}$	郭敏，裴小强，沈学优，2011
广州	卧室、客厅、办公室	苯、甲醛	成年男性和女性苯的致癌风险值分别为 $1.39×10^{-4}$、$1.41×10^{-4}$，甲醛致癌风险分别为 $7.81×10^{-4}$ 和 $7.82×10^{-4}$	冯文如，于鸿，郑睦锐等，2011
六安	住宿、理发店、美容店	甲醛	致癌风险 $>1×10^{-6}$，理发店较高，男性高于女性	陈栋，杨洋，罗慧敏等，2021
宣威	室内	多环芳烃	成人和儿童人群终身致癌超额危险度分别为 $7.074×10^{-5}$ 和 $4.877×10^{-5}$	林海鹏，谢满廷，武晓燕等，2010
昆山	公共场所	甲醛	从业人员致癌风险为 $4.70×10^{-5} \sim 1.57×10^{-4}$	梁晓军，张建新，孙强等，2016

4.3 室内空气质量标准与污染防治

4.3.1 室内空气质量标准

针对甲醛我国及其他国家政府制定了一系列国家标准，如表4-10所示。

表4-10 国内外室内甲醛质量浓度控制标准

应用场所	标准指标	限值 /mg·m^{-3}	参考依据	发布时间
公共场所	最大容许浓度（MAC）	0.12	公共场所卫生标准（BG 9663，9664，9666，9668，9669，9670，9671，9672，16153—1996)	1996年
室内	1h平均浓度	0.1	室内空气质量标准（GB/T 18883—2002)	2002年
民用建筑工程1级	游离甲醛	0.08	民用建筑工程室内环境污染控制规范（GB 50325—2010)	2010年
民用建筑工程2级	游离甲醛	0.1	民用建筑工程室内环境污染控制规范（GB 50325—2010)	2010年
世界卫生组织（WHO）	30min平均浓度	0.1	世界卫生组织室内空气质量导则	2006年
室内	30min平均浓度	0.1	英国室内空气污染物健康效应导则	2004年
室内	30min平均浓度	0.1	日本室内污染物控制规则	2001年
室内	30min平均浓度	0.123	澳大利亚室内空气毒物和质量	2001年
室内	30min平均浓度	0.123	德国室内污染物法律规范	2005年
室内	1h平均浓度	0.123	加拿大居民室内空气质量准则	2006年
室内	8h平均浓度	0.120	新加坡优良室内空气质量准则	1996年
家庭和学校室内	8h平均浓度	0.036	加利福尼亚家庭和学校室内空气质量：甲醛	2002年

早在2002年，由国家质量监督检验检疫总局、卫生部、国家环

境保护总局等三机构出台了《室内空气质量标准》（GB/T 18883—2002），但该标准是推荐性的，不是强制性的。2018 年 11 月 29 日，国家卫生健康委召开《室内空气质量标准》修订工作第一次全体会议，卫生健康委员会联合多部门正式启动实施《室内空气质量标准》的修订工作，可见国家对室内空气治理也越加重视，这一次《室内空气质量标准》的修订，也为我们空气治理行业提供了新的工作标准。

室内空气应无毒、无害、无异常臭味，具体质量标准见表 4-11。

表 4-11 室内空气质量标准（GB/T 18883—2002）

序号	参数类别	参 数	单位	标准值	备注
1	物理性	温度	℃	22~28	夏季空调
				16~24	冬季采暖
2		相对湿度	%	40~80	夏季空调
				30~60	冬季采暖
3		空气流速	m/s	0.3	夏季空调
				0.2	冬季采暖
4		新风量	$m^3/(h \cdot 人)$	30①	
5	化学性	二氧化硫 SO_2	mg/m^3	0.50	1h 均值
6		二氧化氮 NO_2	mg/m^3	0.24	1h 均值
7		一氧化碳 CO	mg/m^3	10	1h 均值
8		二氧化碳 CO_2	%	0.10	日平均值
9		氨 NH_3	mg/m^3	0.20	1h 均值
10		臭氧 O_3	mg/m^3	0.16	1h 均值
11		甲醛 HCHO	mg/m^3	0.10	1h 均值
12		苯 C_6H_6	mg/m^3	0.11	1h 均值
13		甲苯 C_7H_8	mg/m^3	0.20	1h 均值
14		二甲苯 C_8H_{10}	mg/m^3	0.20	1h 均值
15		苯并[a]芘 BaP	mg/m^3	1.0	日平均值
16		可吸入颗粒 PM_{10}	mg/m^3	0.15	日平均值
17		总挥发性有机物 TVOC	mg/m^3	0.60	8h 均值

续表 4-11

序号	参数类别	参 数	单位	标准值	备注
18	生物性	氡^{222}Rn	cfu/m^3	2500	依据仪器定[2]
19	放射性	菌落总数	Bq/m^3	400	年平均值 （行动水平[3]）

①新风量要求≥标准值，除温度、相对湿度外的其他参数要求小于等于标准值。

②见《室内空气质量标准》（GB/T 18883—2002）附录 D。

③达到此水平建议采取干预行动以降低室内氡浓度。

4.3.2 室内空气污染防治

室内空气污染物种类繁多，来源广泛，相对密闭的环境导致其不易扩散，易积聚，严重危害人们的健康，需采取科学的措施进行预防。室内空气污染防治可采取以下一些措施。

4.3.2.1 通风和采光

首先建造住房时应满足通风和采光这两项最基本的环境权益，房间整体的日照（包括侧面）必须达到国家规定的采光系数的最低值，每套住宅至少应有一个居住空间能获得日照，卧室、起居室（厅）、明卫生间的通风开口面积不应小于该房间地板面积的 1/20，室内新风量应保持在 30m^3/（h·人）。通风换气是改善室内空气质量的最主要的方法，也是排除室内有毒有害物质最有效的手段，但室外大气质量比较差时应限制通风，如雾霾等。

4.3.2.2 植物吸收

美国宇航局一位科学家威廉·沃维尔测试了数十种不同的绿色植物对数十种化学物质的吸收能力，结果发现各种绿色植物都能有效地降低空气中的化学物质。在 24h 照明的条件下，芦荟吸收了 1m^3 空气中所含的 90%的甲醛，90%的苯被常青藤吸收，龙舌兰可吸收 70%的苯、50%的甲醛和 24%的三氯乙烯，垂挂兰能吸收 96%的一氧化碳以及 86%的甲醛等。植物对部分化学物质的吸收情况见表 4-12。

表 4-12 植物对化学物质的吸收情况

序号	植 物	污染物	序号	植 物	污染物
1	龟背竹	二氧化碳	10	木槿、紫薇	二氧化硫、氯气、氯化氢
2	石榴	空气中的铅	11	月季	氟化氢、苯、硫化氢、乙苯酚、乙醚
3	月季、蔷薇	硫化氢、氟化氢、苯酚、乙醚	12	杜鹃	二氧化硫
4	雏菊、万年青	三氟乙烯	13	洋绣球、秋海棠、文竹	二氧化硫、二氧化碳
5	吊兰、芦荟	甲醛	14	柑桔、海桐花、无花果、女贞子花	氟
6	铁树、菊花、常青藤、扶郎花	苯	15	葵、鱼尾葵、菊花	氯化氢
7	美人蕉	二氧化硫、氟	16	栀子花和石榴花	二氧化硫
8	石竹	二氧化硫、氯化物	17	金绿萝	甲醛
9	七里香	烟尘	18	腊梅、玉兰、樱花	汞

另外，吊兰、非洲菊、无花观赏类植物除了能够吸收室内甲醛外，也能分解复印机、打印机排放出的苯，并能吸收尼古丁，龙血树、雏菊、万年青可清除来源于复印机、激光打印机和存在于洗涤剂和黏合剂中的三氯乙烯。

室内植物不仅能美化环境，也能让人身心愉悦，但是也有一些植物不宜在居室放置，如报春叶片的毛会造成人的皮肤过敏，虎刺梅的刺碰到皮肤使人感到发痒，夜来香晚上会散发出大量刺激嗅觉的微粒，松柏类花木的芳香气味对人体的肠胃有刺激作用，夹竹桃分泌的乳白色液体会使人中毒，郁金香的花有毒碱，兰花的香气会令人过度兴奋而引起失眠，紫荆花散发的花粉会诱发咳嗽或哮喘，含羞草体内含有有毒物质含羞草碱，过多接触后会使毛发脱落，百合花所散发出来的香味会使人的中枢神经过度兴奋而引起失眠，洋绣球花所散发的微粒会使人的皮肤过敏而引发瘙痒症，误食黄花杜鹃的花朵会引起中毒等。

4.3.2.3 保持室内卫生

养成良好的卫生习惯，随时保持室内空气清新和充足的日照，被褥、衣物勤洗勤晒，合理使用清洁剂、消毒剂和化妆品、洗发剂，少用杀虫剂、灭菌剂，家庭宠物要进行防病检疫，并定期消洗。

4.3.2.4 光触媒净化技术

1967 年东京大学本多建一教授跟当时的研究生藤岛昭偶然发现在紫外线的照射下，二氧化钛电极可以将水分解成氢气与氧气，1972 在英国的《科学》杂志上共同发表光触媒效应论文，光触媒净化技术由此产生。2015 年 4 月，日本研发最新的光触媒净水技术，可望为全球 28 亿人解渴。日本松下公司正开发一种新型光触媒粒子，可望解决水不足问题。该粒子是由沸石粒子与二氧化钛微粒所构成，在紫外线照射下充分混合于污水中，可使污水净化成可饮用的程度。新型光触媒净水设备相当简便，且 1 天可净化高达 3t 的水，可供应相当于印度 20 户家庭的每日用水，而净化每吨水所需费用约为 500 日元，约人民币 26 元。2002 年，光触媒技术传入中国。

纳米材料在光的照射下，把光能转变成化学能，促进有机物的合成或使有机物降解的过程就是光触媒技术，这一过程也称为光催化，所以光触媒技术又称为光催化技术。纳米光触媒在光照射下，价带电子被激发到导带，形成了电子和空穴，与吸附于其表面的 O_2 和 H_2O 作用，生成超氧化物阴离子自由基 $\cdot O_2^-$ 和羟基自由基 $\cdot OH^-$。其自由基具有很强的氧化分解能力，能破坏有机物中的 C—C 键、C—H 键、C—N 键、C—O 键、O—H 键、N—H 键，分解有机物为二氧化碳与水；同时破坏细菌的细胞膜固化病毒的蛋白质，改变细菌、病毒的生存环境从而杀死细菌、病毒。空气中的甲醛、苯系物、挥发性有机物、氨气、二氧化硫、一氧化碳、氮氧化物、汽车尾气等影响人类身体健康的有毒物质，在光催化作用中，其中有机物分解为二氧化碳和水，从而达到净化空气的目的。

4.3.2.5　负离子净化

负离子空气净化器是一种利用自身产生的负离子对空气进行净化、除尘、除味、灭菌的电器。清华大学博导、中科院专家林金明教授所著的《环境健康与负氧离子》一书中做了如下定义：空气的正、负离子，按其迁移率大小可分为大、中、小离子，对人体有益的是小离子，也称为轻离子，其具有良好的生物活性，只有小离子或小离子团才能进入生物体。

使用负离子净化器能还原来自大气的污染物质、氮氧化物、香烟等产生的活性氧（氧自由基），减少过多活性氧对人体的危害；中和带正电的空气飘尘，无电荷后沉降，使空气得到净化。

4.3.2.6　HEPA 过滤

HEPA（high efficiency particulate air filter）被称为高效空气过滤器，达到 HEPA 标准的过滤网，对于 0.1μm 和 0.3μm 大小粒子去除的效率达到 99.7%，HEPA 网的特点是空气可以通过，但细小的微粒却无法通过，它对直径为 0.3μm（头发直径的 1/200）以上的微粒去除效率可达到 99.97% 以上，是烟雾、灰尘以及细菌等污染物最有效的过滤媒介。

HEPA 分为 PP 滤纸、玻璃纤维、复合 PPPET 滤纸、熔喷涤纶无纺布和熔喷玻璃纤维五种材质，其特点是风阻大，容尘量大，过滤精度高，可以根据客户需要加工成各种尺寸和形状，适合不同的机型使用。

HEPA 高效过滤网可广泛用于光学电子、LCD 液晶制造、生物医药、精密仪器、饮料食品、PCB 印刷等行业无尘净化车间的空调末端送风处，高效和超 HEPA 高效过滤网均用于洁净室末端，其结构形式可分为有隔板高效、无隔板高效、大风量高效、超 HEPA 高效过滤网等。另外还有三种 HEPA 高效过滤网：第一种是超 HEPA 高效过滤网，净化效率可高达 99.9995%；第二种是抗菌型无隔板高效空气过滤器，具有抗菌作用，阻止细菌进入洁净车间；第三种是亚 HEPA 高效过滤网，价格便宜，多用于要求不高的净化空间。

5 土壤污染与健康风险评价

5.1 概　　述

　　污水灌溉、工业废水的不合理排放、农药化肥的过量使用、垃圾不合理堆放、大气干湿沉降以及石油开采不当，都会导致周围的土壤受到污染。土壤中的污染物来源广泛，主要来自工业和城市的废水和固体废弃物、农药和化肥、牲畜排泄物、生物残体以及大气沉降物等，另外矿物质的自然分解与风化，往往形成自然扩散带，使附近土壤中某些元素的含量超出一般土壤含量，而且土壤中的污染物会随着地表径流、地下径流、气体挥发、植物吸收、微生物作用等途径不断地迁移和转化，如图 5-1 所示。

图 5-1　土壤中污染物的迁移转化

我国土壤污染状况如下：

1989 年，全国有 600 万公顷农田受到污染，占当年总耕地面积的 4.6%（1989 年中国环境状况公报）；

1990 年全国遭受工业三废和城市垃圾危害的农田达 667 万公顷，占当时全国总耕地面积的 5.1%，其中，农药、化肥和农用地膜等化学物质的污染已影响到农业生态环境质量（1990 年中国环境状况公报）；

1991 年全国有 1000 万公顷的耕地受到不同程度的污染，占当年总耕地面积的 7.7%（1991 年中国环境状况公报）；

2000 年对我国 30 万公顷基本农田保护区土壤进行有害重金属抽样监测发现，有 3.6 万公顷土壤重金属超标，超标率达 12.1%（2000 年中国环境状况公报）；

2007 年，赵其国院士的研究结果表明，我国受重金属污染的耕地超过 2000 万公顷，受农药污染的耕地达 933 万公顷，受污水灌溉污染的耕地达 217 万公顷，受工业废渣污染的耕地已超过 10 万公顷；

2011 年，罗锡文院士的研究结果表明，全国有 2000 万公顷耕地正在受到重金属污染的威胁；

首次全国土壤污染状况调查结果表明，全国耕地土壤点位超标率为 19.4%，其中轻微、轻度、中度和重度污染点位比例分别为 13.7%、2.8%、1.8%和 1.1%，主要污染物为镉、镍、铜、砷、汞、铅、滴滴涕和多环芳烃；

2015 年重金属污染治理峰会，中国科学院南京土壤研究所赵其国院士指出我国受重金属污染的耕地有 1000 万公顷，占 18 亿亩的耕地的 8%以上，每年直接减少粮食产量约 100 亿公斤，并且这个数字随着年份只能增加不会减少，长江三角洲地区，特别是浙江地区，镉、汞和铅超标达到 48.7%，珠江三角洲 44.5%，京津冀地区也已经超过 10%，还有辽中南地区、西南地区、西北地区等。

5.2 土壤污染分类

5.2.1 按污染物的性质分类

土壤污染按照污染物的性质可分为物理性污染、化学性污染和生物性污染等，其中化学性污染最为普遍。

（1）土壤物理性污染。土壤中的物理性污染物主要包括来自工厂、矿山的固体废弃物，如尾矿、废石、粉煤灰和工业垃圾等，也包括生活垃圾对土壤造成的污染。

（2）土壤化学性污染。化学物质是土壤中最重要的污染物，来源广泛，危害大。污染物可分为两类：一类为无机污染物，主要包括Hg、Cd、Cu、Zn、Cr、Pb、As、Ni、Co、Se等重金属，N、P、K等营养物质，以及其他无机物质如酸、碱、盐、氟等；另一类为有机污染物，其中有机农药是最主要的污染物，包括有机氮类、有机磷类、氨基甲酸酯类等，另外，石油、多环芳烃、多氯联苯、洗涤剂等也是土壤中常见的有机污染物。

（3）土壤生物性污染。土壤中的生物污染物包括带有各种致病菌的城市垃圾和由卫生设施排出的废水、废物和厩肥等，畜禽粪便的肆意堆放以及污水灌溉都会导致土壤质量下降，其中的寄生虫、病原菌和病毒，如肠道细菌、炭疽杆菌、肠寄生虫、结核杆菌等均可引起土壤污染。

另外，土壤中还存在一定的放射性污染物，主要存在于核原料开采和大气层核爆炸地区，以^{90}Sr和^{137}Cs等在土壤中生存期长的放射性元素为主。

5.2.2 按污染物的种类分类

5.2.2.1 重金属污染

由于污水灌溉、企业废水的违规排放、含重金属废物的随意堆弃、农药化肥的滥用、大气沉降等因素，导致部分地区土壤重金属含量超标。土壤中的重金属可以被植物吸收、累积，影响植物的产量和质量，还可通过食物链进入人体，也可以随降水流入地表水或渗入地下水，污染水源，危害人体健康。

康春景等人得出我国耕地遭受重金属污染的面积已经超过了10%，每年因此而减产的粮食数量高达1000万吨，甚至还有1200万吨的粮食因重金属含量超标而不能食用，因此所造成的经济损失高达200亿元。通过对全国粮调结果的分析可以得出，有10%的粮食存在不同程度的 As、Hg、Cd 以及 Pb 等重金属超标的情况，尤其是在珠江三角洲地区，因为重金属污染导致不适合种植的耕地已经占到了总面积的 22.8%。

陈雅丽等人总结了近十年我国土壤中重金属污染的主要来源，其结果见表 5-1。

表 5-1 近十年我国不同地区重金属的主要来源

区域	地点	研究对象	主要污染源贡献比例/%
东北	沈阳细河流域农田	Cd、As、Pb、Hg、Cu、Zn、Cr、Ni	工业源（36.5），交通污染源和大气沉降（23.5），农业源（20.8），土壤母质（19.2）
	拉林河流域	Cd、As、Pb、Hg、Cu、Zn、Cr、Ni 等	土壤母质（38.0），农药和肥料施用（32.6），燃煤和工业排放源（29.4）
	松花江上游夹皮沟地区	Cd、Pb、Hg、Cu、Zn、Cr、Ni 等	选矿、公路交通及垃圾排放等（39.31），土壤母质、化肥、居民燃煤等综合污染源（23.93），铁矿开采及运输（22.89），岩石风化和生物作用（13.87）
华北	北京潮河沿岸农用地	Cd、As、Pb、Hg、Cu、Zn、Cr、Ni 等	PCA/MLR：采矿活动（33），土壤母质（29），交通排放（27），燃煤（11）；PMF：采矿活动（35），燃煤（26），土壤母质（22），交通排放（17）
	北京顺义区农田	Cd、As、Pb、Hg、Cu、Zn、Cr、Ni 等	自然源（76.0~78.6），大气沉降（15.5~16.4），化肥和农药（5.9~7.7）
	天津某郊区农田	Cd、Hg	Cd：工业废弃物（46），灌溉水（29），大气降尘（9.2），无机肥（7.3），有机肥（4.3），农药（4.2）；Hg：大气降尘（37），有机肥（25），灌溉水（22），无机肥（7），工业废弃物（6），农药（3）
	天津武清区农田	Cd、As、Pb、Hg、Cu、Zn、Cr、Ni	源贡献分担率：土壤类型（6~32），粮食单产（8~25），单位耕地面积猪粪平均承载（7~18），河流距离（5~18），单位耕地鸡粪平均承载（10~19），道路距离（4~15），农业人口比例（6~14），单位耕地牛粪平均承载（3~12），单位面积工业产值承载（5~9），居民地距离（2~6）

区域	地点	研究对象	主要污染源贡献比例/%
华东	江苏宜兴太湖西部农田	Cd、Pb、Cu、Zn、Cr	排放清单法：大气沉降（37~85），灌溉水（12~50），肥料（1~14）； Pb 同位素：大气沉降（57~93），灌溉水（10），肥料（10）
	江苏湖州长兴县稻田	Cd、Pb	Pb：铅电池厂（55.37），农业活动（29.28）； Cd：铅电池厂（65.92），农业活动（21.65），土壤母质（12.43）
	江苏南京八卦洲	Cd、As、Pb、Hg、Cu、Zn、Cr、Ni	工业排放（Zn：83，Ni：83，Cr：79，Cu：74，As：72，Pb：54）； 地化过程（河水侵蚀以及土壤酸化造成的淋滤）（Hg：59，Cd：58）
	江苏南京八卦洲农田	Cd、As、Pb、Hg、Cu、Zn、Cr	大气沉降（33），施肥（30.8），工业排放（25.4），土壤母质（10.8）； 大气沉降 Pb（PMF：32.1，Pb 同位素：33.4）

案例 1：日本痛痛病

日本富川平原上有一条河叫神通川，两岸人民用该河河水灌溉农田，20 世纪初期开始，水稻出现生长不良的现象，1931 年出现了一种怪病，患者大多是妇女，病症表现为腰、手、脚等关节疼痛，持续几年后，患者全身各部位会发生神经痛、骨痛现象，行动困难，甚至呼吸都会带来难以忍受的痛苦，患病后期，患者骨骼软化、萎缩，四肢弯曲，脊柱变形，骨质松脆，就连咳嗽都能引起骨折，患者不能进食，疼痛无比，因无法忍受痛苦而自杀。这种病由此得名为"骨癌病"或"痛痛病"（Itai-Itai disease）。1946~1960 年，日本医学界从事综合临床、病理、流行病学、动物实验和分析化学的人员经过长期研究后发现，"骨痛病"是由于神通川上游的神冈矿山废水排放污染了周围的耕地和水源而引起的，神冈的矿产企业长期将没有处理的废水排放注入神通川，致使高浓度含镉废水污染了水源，用这种含镉的水浇灌农田，生产出来的稻米成为"镉米"。"镉米"和"镉水"导致神通川两岸的人们患上了"骨痛病"，到 1972 年 3 月，骨痛病患者达 230 人，死亡 34 人。

案例 2：广西土壤重金属污染

广西大新县五山乡三合村常屯一村民双臂长满大小不一的疙瘩，手指严重变形，伸直和过度弯曲都引发疼痛，对该村 46 名村民尿镉的检验中 43 人出现异常。2000 年，广西环境地质研究所的调查报告显示：该村周围 34 亩耕地已被重金属污染，主要污染物包括铅、锌、镉、汞等，农业所用灌溉水镉含量为 0.087mg/L，超标 17.4 倍，土壤中的镉最高超标 29.1 倍。

案例 3：甘肃铅污染事件

2006 年 9 月 12 日，甘肃省陇南市徽县水阳乡新寺、牟坝两个村 354 人血铅超标，因血铅超标问题住院的群众共 179 人，造成血铅超标事故的某公司周边 400m 范围内土地已经全部被污染，经过布点监测发现，污染区域 1~5cm 表层土壤总铅浓度为 16~187mg/kg，超出背景值 0.83~2.46 倍，15~20cm 耕层土壤总铅浓度有 3 个监测点高出背景值 0.69~1.8 倍，有 2 个监测点高出背景值 5.2~12.2 倍。

案例 4：陕西龙岭村土壤污染

陕西省华县瓜坡镇龙岭村自 1974 年发现第 1 例食道癌患者开始，陆续死亡 55 人，其中 30 人死于癌症，其余人死于肺心病、脑血管病等，全村人口锐减，癌病患者和死亡人数连年增多，且呈年轻化趋势，最终调查发现是该村严重的土壤污染所致。原因是一化肥厂产生的悬浮颗粒物被风吹散到龙岭村，全村空气、水、土壤以及室内用地、粮食作物等都受到了重金属的污染。当地面粉铅含量超出国家标准 1.6 倍，铬超标 2.98 倍，芹菜中镉、铅、汞、砷、铬都超标，汞超标 16 倍，铅超标 83.5 倍，中药柴胡中镉、铅、汞、砷、铬都超标，其中铅超标 91.5 倍，豆角叶中铅超标 191 倍，核桃中铬超标 2.9 倍，油菜籽中铅超标 75 倍。

案例 5：沈抚灌渠事件

沈抚灌渠建于 1961 年，流经沈阳和抚顺两市 4 个县区的 11 个乡镇，建渠是为了将抚顺的生活污水和工业废水引出，保护沈、抚两市水源，灌渠流域内农作物长势好，产量高，灌溉面积 15 万亩，受益人口达 20 余万，灌渠被人们称为"大米河"，沈抚灌渠成为污水"变废为宝"灌溉农田的典型。随着工业的迅猛发展和人口的剧增，灌渠内各种污染物长年积淀，使沈抚灌渠的水质日趋恶化，导致沿岸土壤被污染，农作物大幅度减产，污染物残留量大，沈抚灌渠流域地区的人群与清水地区的人群相比，患病率、死亡率及畸胎率均明显高出 1 倍多。

案例 6：河南"镉麦"事件

2017 年 3 月 23 日，环保公益组织"好空气保卫侠"在河南新乡市凤泉区块村营村南开发区河边的麦地取样化验，结果显示，距河 4m 处的土壤镉含量为 20.2mg/kg，是土壤环境质量二级标准的 67.3 倍，三级标准的 20.2 倍，在距河 100m 处取土壤化验，镉含量为 12.4mg/kg，是二级标准的 41.3 倍，三级标准的 12.4 倍。而在麦收之时，"空气侠"再次到新乡市监督镉麦农地流转的情况，并随机在牧野区、凤泉区已经收割、尚未收割的不同地块取了 12 个小麦样品。检测结果显示，12 个随机的小麦样品全部超标，出现 1.7~18 倍不同程度的超标。

5.2.2.2　土壤石油污染

我国部分土壤面临着严重的石油污染现象，石油进入土壤后，会破坏土壤结构，分散土粒，使土壤的透水性降低，其富含的反应基能与无机氮、磷结合并限制硝化作用和脱磷酸作用，从而使土壤有效磷、氮的含量减少，特别是其中的多环芳烃，因有致癌、致变、致畸等活性，能够通过食物链在动植物体内逐级富集。

孔令姣指出近年来我国土壤石油污染程度日益严重，受污染土地面积不断扩大，尤其是辽河油田区域污染严重，土壤中石油含量高达 10000mg/kg，远远超过国家标准临界值 500mg/kg。被石油污染的土地不能耕种，一般需要 50 年才能恢复。当石油污染物进入土壤后，会封堵土壤的孔间隙，使土壤的透水性和透气性降低，进而影响到土壤微生物的生长。石油中含有的芳烃具有一定的毒害作用，直接影响植物的生长。石油污染胁迫可改变土壤理化性质、土壤微生物群落结构及多样性，而这种土壤特性的改变将极大地制约石油的生物降解速率，以及石油污染场地的生物修复。当土壤中部分石油污染物被农作物吸收利用后，会通过食物链影响人类的身体健康，进而引发各种疾病。

原油在开采过程中，泄露的物质成分会严重污染和危害农用地，影响农作物生长，降低农产品质量。余薇等人的研究表明，油井稳定运行 5 年，周围的土壤就会受到 $1.0 \times 10^3 \sim 1.0 \times 10^5 \, \text{mg/kg}$ 不同程度的污染，雨水冲刷污染地区后会将污染扩散至地表水、地下水及深层土壤，导致控制和治理难度加大。

5.2.2.3　土壤农药污染

A　农药生产和使用情况

权桂芝等指出全球每年要生产 200 多万吨农药用以防治病虫害，保证农业的丰产和稳产，其中主要是化学农药，种类多达 1300 多种，其中广泛使用的约为 250 种，2020 年全球农药销售额达到 698.9 亿美元，其中除草剂、杀菌剂、杀虫剂占据大部分，分别为 44.2%、27.1% 和 25.3%。长期大量使用化学农药导致有害微生物和害虫的后代出现选择性进化优势，产生抗药性。据 2007 年统计，自 20 世纪 50 年代以来，抗药性害虫已从 10 种增加到目前的 417 种，必须加大药物剂量来控制病虫害，导致这些药物在土壤和农产品中大量积累，影响农产品的质量，引起人畜中毒。2017 年 2 月 27 日至 3 月 24 日举行的联合国人权理事会第 34 届会议上指出，全球受农药影响的人数在 100 万到 4100 万之间，每年约有 20 万人死于农药。

姚梦琴对我国农药使用的情况进行了总结。我国使用的农药是世界平均水平的 2.5 倍，一年各种农药使用约 175 万吨，其中 70% 进入土壤、空气和水，只有 30% 直接作用于目标生物体。上海、江苏、广东、山东和浙江等地是国内农药使用量较大的地区。相对于南方水稻产区而言，北方以小麦为主，干旱地区施药量小；就种植种类来看，瓜果、蔬菜的施药量高于其他农作物，其中杀虫杀螨剂占 62%，杀菌剂占 21%，除草剂占 17%。根据国家统计局 2014 年的统计，367 家农药原药企业产量达到 374.4 万吨，同比小幅增长 1.4%。其中，杀菌剂和杀虫剂产量都有所下降，分别为 23.0 万吨和 56.1 万吨，占农药总产量的 6.1%、15.0%，除草剂产量增加了 2.8%，达到 180.3 万吨，占农药总产量的 48.2%。长期被农药污染的土壤易出现土壤酸化、土壤板结、土壤养分流失等情况，农药毒性越强，在土壤中残留越久，越不易被降解。农药可以通过食物链逐渐积累，人类处于食物链顶端，受害最大。

有资料显示，全国有 1300 万～1600 万公顷耕地受到农药污染，以有机磷和有机氯农药为主。世界上的有机磷农药商品多达上百种，我国使用的有机磷农药有 30 余种，如甲胺磷、甲基对硫磷、对硫磷、久效磷、敌敌畏等，其中甲胺磷的使用量一年就高达 6.5 万吨。有机氯农药是另外一种应用较多的农药，在瑞典通过的《关于持久性有机污染物的斯德哥尔摩公约》显示首批控制的农药名单中有 9 种属于有机氯农药。我国有机氯农药的主要污染地区集中在华北和华东地区，在土壤、农产品、河流沉积物中都检测到了该类农药的残留。

B 农药的降解与残留

部分农药在短时间内可以通过生物降解，成为无害物质，而包括滴滴涕在内的有机氯类农药难以降解。根据残留的特性，可把残留性农药分为三种：容易在植物机体内残留的农药称为植物残留性农药，如六六六、异狄氏剂等；容易在土壤中残留的农药称为土壤残留性农药，如艾氏剂、狄氏剂等；容易溶于水，长期残留在水中的农药称为水体残留性农药，如异狄氏剂等。残留性农药在植物、土壤和水体中的残存形式有两种：一种是保持原来的化学结构，另一种以其化学转化产物或生物降解产物的形式残存。

有机砷、汞等农药由于其代谢产物砷、汞最终无法降解而残存于环境和植物体中，六六六、滴滴涕等有机氯农药和它们的代谢产物化学性质稳定，在农作物及环境中降解缓慢，易在人和动物体中积累，有机磷、氨基甲酸酯类农药化学性质不稳定，施用后易受外界条件影响而降解。有机磷和氨基甲酸酯类农药中存在部分高毒和剧毒品种，如甲胺磷、对硫磷涕灭威、克百威、水胺硫磷等，如果被施用于生长期较短、连续采收的蔬菜，易导致人畜中毒。另外，一部分农药虽然本身毒性较低，但其生产杂质或代谢物残毒较高，如二硫代氨基甲酸酯类杀菌剂生产过程中产生的杂质及其代谢物乙撑硫脲属致癌物，三氯杀螨醇中的杂质滴滴涕，丁硫克百威、丙硫克百威的主要代谢物克百威和 3-羟基克百威等都会危害人体健康。有机氯农药在人体内代谢速度很慢，累积时间长。有机氯在人体内残留主要集中在脂肪中，如滴滴涕在人的血液、大脑、肝和脂肪组织中含量比例为1∶4∶30∶300，狄氏剂为1∶5∶30∶150。

环境中拟除虫菊酯类杀虫剂的大量使用，会引起哺乳动物免疫系统和生殖系统疾病，甚至诱发癌症、阿尔茨海默病、帕金森病等，国家卫生健康委员会、农业农村部和国家市场监督管理总局公布了《食品安全国家标准　食品中农药最大残留限量》（GB 2763—2019），新版农药残留限量标准规定了483种农药在356种（类）食品中7107项残留限量，与2016版相比新增农药品种50个、残留限量2967项，涵盖的农药品种和限量数量均首次超过国际食品法典委员会数量，标志着我国农药残留限量标准迈上新台阶。

5.2.2.4　土壤硝酸盐污染

由于农业化肥的过量使用，导致土壤中硝酸盐的含量超标，被植物吸收后随着食物链进入人体，危害人体健康。土壤中硝酸盐累积量随着施氮量的增加而增加，残余的氮肥大部分以硝态氮的形态滞留在土壤中，导致土壤次生盐渍化，当氮肥施用量超过作物需要时，土壤中硝酸盐的积累就成了一个潜在的环境问题。

早在1907年，Richardson首先提出蔬菜中含有大量的硝酸盐，美国的White也指出，人体摄入的硝酸盐有81.2%来自蔬菜。硝酸盐本身毒性很小，对人畜无直接危害，但Wilson指出蔬菜中的硝酸盐可以被还原成亚硝酸盐，可使血液的载氧能力下降，导致高铁血红蛋白症，亚硝酸盐还可与人体摄取的次级胺（仲胺、叔胺、酰胺及氨基甲酸醋等）发生反应，在胃酸作用下形成强致癌物亚硝胺，从而诱发消化系统癌症。如1956年Magee等人用二甲基亚硝胺诱发出了大鼠肝癌，而硝酸盐正是亚硝胺的前体物。在已研究的300多种亚硝胺类化合物中，有85%以上对动物具有致癌性。

5.3　土壤污染风险评价

根据土地的用途，土地类型可分为农用地、建设用地和未利用地，和人们健康息息相关的土地主要是农用地，尤其是耕地。土壤中的污染物会通过植物的吸收和富集进入人体，也可通过皮肤接触、吸入等途径进入人体，威胁人们的身体健康。

5.3.1 土壤污染评价方法

土壤污染评价方法有多种，下面对常用的单因子污染指数法、地累积指数法、潜在生态危害指数法、内梅罗指数方法以及层次分析法进行简要介绍。

5.3.1.1 单因子污染指数法

为了反映特定区域分异性与重金属污染系数，通过单因子污染指数来评价土壤污染程度，单因子污染指数等于单项污染物实测值（C_i）与评价标准值（C_t）的比值来计算，公式如下：

$$P_i = C_i / C_t \tag{5-1}$$

式中，P_i 为土壤中第 i 种污染物污染指数；C_i 为土壤中第 i 种污染物的实测值；C_t 为污染物的评价标准值。

单因子污染指数法的污染等级标准见表 5-2。

表 5-2　土壤环境质量单因子污染等级标准

等级划分	单项污染指数	污染评价
1	$P_{ip} \leqslant 1$	无污染
2	$1 < P_{ip} \leqslant 2$	轻微污染
3	$2 < P_{ip} \leqslant 3$	轻度污染
4	$3 < P_{ip} \leqslant 5$	中度污染
5	$P_{ip} \geqslant 5$	重度污染

农业用地的质量直接关系到人们的健康，其评价标准参考《土壤环境质量标准（修订）》（GB 15618—2008）第二级标准值，土壤中对人体健康影响较大的污染物主要是重金属、多环芳烃类有机污染物、持久性有机污染物与化学农药，其环境质量标准见表 5-3 和表 5-4。

表 5-3　土壤重金属环境质量第二级标准值（农用地）　（mg/kg）

污染物		pH 值			
		≤5.5	5.5~6.5	6.5~7.5	>7.5
总镉	水田	0.25	0.30	0.50	1.0
	旱地	0.25	0.30	0.45	0.80
	菜地	0.25	0.30	0.40	0.60
总汞	水田	0.20	0.30	0.50	1.0
	旱地	0.25	0.35	0.70	1.5
	菜地	0.20	0.3	0.4	0.8
总砷	水田	35	30	25	20
	旱地	45	40	30	25
	菜地	35	30	25	20
总铅	水田、旱地	80	80	80	80
	菜地	50	50	50	50
总铬	水田	220	250	300	350
	旱地、菜地	120	150	200	250
总铜	水田、旱地、菜地	50	50	100	100
	果园	150	150	200	200
总镍	水田、旱地	60	80	90	100
	菜地	60	70	80	90
总锌		150	200	250	300
总硒		3.0			
总钴		40			
总钒		130			
总锑		10			

表 5-4 土壤有机污染物的环境质量第二级标准值（农用地） （mg/kg）

污　染　物		ca/nc	土壤有机质含量	
			≤20g/kg	>20g/kg
多环芳烃类有机污染物	苯并[a]蒽	ca	0.10	0.20
	苯并[a]芘	ca	0.10	0.10
	苯并[b]荧蒽	ca	0.10	0.30
	苯并[k]荧蒽	ca	0.20	0.50
	二苯并[a，h]蒽	ca	0.10	0.20
	茚并[1,2,3-cd]芘	ca	0.10	0.30
	䓛	nc	0.10	0.20
	萘	nc	0.10	0.30
	菲	nc	0.50	1.0
	苊	nc	0.50	1.0
	蒽	nc	0.50	1.0
	荧蒽	nc	0.50	1.0
	芴	nc	0.50	1.0
	芘	nc	0.50	1.0
	苯并[g,h,i]芘	nc	0.50	1.0
	苊烯（二氢苊）	nc	0.50	1.0
持久性有机污染物与化学农药	滴滴涕总量	ca	0.10	0.10
	多氯联苯总量	ca	0.10	0.20
	二噁英总量（ngI-TEQ/kg）	ca	4.0	4.0
	六六六总量	ca	0.05	0.05
	阿特拉津	ca	0.10	0.10
	2,4-二氯苯氧乙酸（2,4-D）	nc	0.10	0.10
	西玛津	ca	0.10	0.10
	敌稗	nc	0.10	0.10
	草甘膦	nc	0.50	0.50
	二嗪磷（地亚农）	nc	0.10	0.20
	代森锌	nc	0.10	0.10

注：ca 表示致癌性；nc 表示非致癌性。

5.3.1.2　地累积指数评价方法

G. Muller 提出用地质累积指数（geoacculation index）来评价土壤污染情况，其计算公式如下：

$$I_{\mathrm{geo}} = \log_2(C_{\mathrm{n}}/1.5B_{\mathrm{n}}) \tag{5-2}$$

式中，I_{geo} 为累积污染指数；C_{n} 为元素测定值；B_{n} 为元素背景值。

Forstner 等将地质累积指数分为 7 个级别，反映土壤不同的污染程度，见表 5-5。

表 5-5　地累积指数污染等级标准

污染指数 I_{geo}	污染等级	污染程度
$I_{\mathrm{geo}}<0$	1 级	无污染
$0 \leqslant I_{\mathrm{geo}}<1$	2 级	轻度污染
$1 \leqslant I_{\mathrm{geo}}<2$	3 级	中度污染
$2 \leqslant I_{\mathrm{geo}}<3$	4 级	中强污染
$3 \leqslant I_{\mathrm{geo}}<4$	5 级	强污染
$4 \leqslant I_{\mathrm{geo}} \leqslant 5$	6 级	较强污染
$I_{\mathrm{geo}}>5$	7 级	极强污染

5.3.1.3　潜在生态危害指数法

潜在生态危害指数（potential ecological risk index，RI）可以用来评价土壤重金属污染的潜在生态风险，其计算公式如下：

$$RI_j = \sum_{i=1}^{n} E_j^i = \sum_{i=1}^{n} T_{\mathrm{r}}^i C_j^i = \sum_{i=1}^{n} T_{\mathrm{r}}^i C_{\mathrm{实测}}^i / C_{\mathrm{n}}^i \tag{5-3}$$

式中，RI_j 为 j 样点重金属的潜在生态总风险指数；E_j^i 为 j 样点重金属 i 单项潜在生态风险指数；T_{r}^i 为重金属 i 毒性响应系数；C_j^i 为 j 样点重金属 i 的污染系数；$C_{\mathrm{实测}}^i$ 为重金属 i 的实测值；C_{n}^i 为重金属 i 的标准值。其中，重金属毒性响应系数可参照徐争启等人的研究结果，见表 5-6。

表 5-6　重金属毒性系数

重金属	Ti	Mn	Zn	V	Cr	Cu	Pb	Ni	Co	As	Cd	Hg
毒性系数	1	1	1	2	2	5	5	5	5	10	30	40

土壤潜在生态危害指数与污染程度的关系见表5-7。

表 5-7 土壤潜在生态危害指数与污染程度

单项潜在生态危害风险指数			潜在生态危害风险总指数		
等级	E_j^i 和污染程度		等级	RI_j 和污染程度	
Ⅰ级	$E_j^i < 40$	轻微生态危害	Ⅰ级	$RI_j < 120$	轻微生态危害
Ⅱ级	$40 \leqslant E_j^i < 80$	中等生态危害	Ⅱ级	$120 \leqslant RI_j < 240$	中等生态危害
Ⅲ级	$80 \leqslant E_j^i < 160$	强生态危害	Ⅲ级	$240 \leqslant RI_j < 480$	强生态危害
Ⅳ级	$160 \leqslant E_j^i < 320$	很强生态危害	Ⅳ级	$RI_j \geqslant 480$	很强生态危害
Ⅴ级	$E_j^i \geqslant 320$	极强生态危害			

5.3.1.4 内梅罗指数方法

内梅罗（N. L. Nemerow）污染指数通常用来综合评价土壤的污染程度，其计算公式如下：

$$P_{综} = \sqrt{\frac{\left(\dfrac{1}{n}\sum_{i=1}^{n} P_i\right)^2 + P_{i,\max}^2}{2}}$$ (5-4)

式中，$P_{综}$ 为土壤污染综合指数；P_i 为土壤中第 i 种污染物的污染指数；n 为土壤中污染物的种类数；$P_{i,\max}$ 为土壤中第 i 种污染物指数的最大值。

内梅罗污染指数的等级划分见表5-8。

表 5-8 土壤综合污染等级划分标准

综合指数 $P_{综}$	污染等级	污染程度	污染水平
$P_{综} < 0.7$	1级	无污染	清洁
$0.7 < P_{综} < 1.0$	2级	轻度污染	尚清洁
$1.0 < P_{综} < 2.0$	3级	中度污染	土壤污染超背景值，作物开始污染
$2.0 < P_{综} < 3.0$	4级	中强污染	土壤、作物均受到中度污染
$P_{综} < 3.0$	5级	强污染	土壤、作物受到污染已相当严重

5.3.1.5 层次分析法

美国著名运筹学家（T. L. Satty）提出了层次分析法（AHP），用来综合评价土壤的污染程度。层次分析法将复杂问题分解成若干层次，专家对每一层次各指标通过两两比较相互间重要程度，构成判断矩阵，然后计算判断矩阵的特征值与特征向量，确定该层次指标对其上层要素的贡献率，最后求得基层指标对总体目标贡献率。其分析赋权的基本步骤如下。

（1）数据标准化处理。根据层次分析法计算要求，由于各指标的重要性和贡献率不一样，量纲无法比较，必须对不同量纲指标的初始数据进行标准化，方法如下。

对于越大越健康指标计算：

$$\bar{x}_{ij} = \frac{x_{ij} - x_{j,\,\min}}{x_{j,\,\max} - x_{j,\,\min}} \tag{5-5}$$

对于越小越健康指标计算：

$$\bar{x}_{ij} = \frac{x_{j,\,\max} - x_{ij}}{x_{j,\,\max} - x_{j,\,\min}} \tag{5-6}$$

式中，x_{ij}、$x_{j,\max}$、$x_{j,\min}$、$\bar{x}_{ij}$ 分别为第 i 年第 j 指标原始值、最大值、最小值和标准化后数值。

（2）构造特征判断矩阵。判断矩阵的值能够反映各因素的相对重要性，可采用美国著名运筹学家 T. L. Satty 提出的标度值来确定，见表 5-9。

表 5-9 判断矩阵的取值及描述

重要性标度	定 义 描 述
1	表示两个因素相比，具有同等重要性
3	表示两个因素相比，一个因素比另一个因素稍微重要
5	表示两个因素相比，一个因素比另一个因素明显重要
7	表示两个因素相比，一个因素比另一个因素强烈重要
9	表示两个因素相比，一个因素比另一个因素极端重要
2、4、6、8	上述两相邻判断的中值
倒数	若因素 e 与 f 的比较判断为 $a_{ef}=1/a_{ef}$

将层次结构模型每两元素间比较重要程度构成判断矩阵 A，如式（5-7）所示：

$$A = \left[a_{ef} \right]_{N \times N} \tag{5-7}$$

式中，a_{ef} 为指标 e 相对于指标 f 的重要程度；N 为重要度矩阵 A 的阶数。

（3）求判断矩阵特征根。通过计算得出最大特征根 λ_{max} 以及对应的标准化特征向量 W，矩阵 A 的最大特征根和标准化特征向量 W 可通过下式计算：

$$\begin{cases} AW = \lambda_{max} \times W \\ \sum\limits_{i=1}^{N} W_i = 1 \end{cases} \tag{5-8}$$

式中，W_i 为 W 的第 i 个分量，实际意义相当于第 i 个指标的权重。

λ_{max} 和 W 的近似解可通过方根法求出，步骤如下。

将矩阵 A 各行元素逐列相乘得出：

$$M_i = \prod_{k=1}^{N} a_{ik} \quad (i, \ k = 1, \ 2, \ \cdots, \ N) \tag{5-9}$$

将 M_i 开 N 次方得出：

$$\overline{W_i} = \sqrt[N]{M_i} \quad (i = 1, \ 2, \ \cdots, \ N) \tag{5-10}$$

对 $\overline{W_i}$ 进行归一化处理得出：

$$W_i = \overline{W_i} / \sum_{i=1}^{N} \overline{W_i} \quad (i = 1, \ 2, \ \cdots, \ N) \tag{5-11}$$

计算 λ_{max}：

$$\lambda_{max} = \frac{1}{N} \sum_{i=1}^{N} \frac{(AW)_i}{W_i} \quad (i = 1, \ 2, \ \cdots, \ N) \tag{5-12}$$

（4）判断矩阵一致性检验。给定 a_{ef} 值时，由于判断上的误差，我们很难保证所有 a_{ef} 都能满足公式 $a_{ef} = a_{ei} \times a_{ef}$，矩阵出现不一致性，若不一致性在允许的范围值内，$a_{ef}$ 取值可以接受，可以通过以下方法进行检验。

1）计算一致性指标 CI：

$$CI = \frac{\lambda_{max} - N}{N - 1} \tag{5-13}$$

2）根据矩阵 A 的阶数 N 查表得出随机一致性指标 RI，见表 5-10。

表 5-10　计算随机一致性指标

矩阵阶数	1	2	3	4	5	6	7	8	9
RI	0.00	0.00	0.52	0.89	1.12	1.26	1.36	1.41	1.45

3）计算随机一致性比率 CR：

$$CR = CI / RI \tag{5-14}$$

4）检验：$CR < 1.0$ 表明矩阵 A 一致性满足要求，W_i 即为第 i 个指标权重；矩阵 A 一致性不满足要求时，须重新给出指标相互对比矩阵再进行计算。

（5）指标层次总排序。确定低层次指标对较高层指标权重后，根据 AHP 方法的层次递阶赋权定律，确定最低层指标对最高指标权重。设 W_j^k 是 k 层指标对第 $k+1$ 层指标的权重（$j = 1$，2，$\cdots$，m，m 为 $k+1$ 层指数），W_{ji}^{k+1} 则为第 $k+1$ 层 j 指标对 $k+2$ 层 i 指标的权重，则 k 指标对 $k+2$ 层 i 指标的权重为：

$$W^{k \to k+2} = W_{ji}^{k+1} \times W_j^k \tag{5-15}$$

（6）综合指数计算。土壤生态健康综合指数可通过以下公式计算：

$$X = \sum_{i=1}^{n} W_i \times X_i \tag{5-16}$$

式中，X 为农用地生态健康综合指数；W_i 为第 i 个评价指标权重；X_i 为第 i 个指标值；n 为参评指标个数。

将生态健康综合指数从高到低排序，分为五级，一级为极健康，二级为健康，三级为亚健康，四级为不健康，五级为病态，具体的健康分级见表 5-11。

表 5-11　农用地健康状态分级

综合指数	等级	状态	健　康　特　征
≥0.7	I	极健康	农用地生态结构十分合理、压力小，外界干扰力较小，无生态异常出现，生态系统功能完善，系统结构稳定，处于可持续状态

续表 5-11

综合指数	等级	状态	健康特征
0.5~0.7	Ⅱ	健康	农用地生态结构比较合理、格局完善，系统压力较小，外界干扰力较小，无生态异常，生态系统功能较完善，系统尚稳定，生态系统可持续
0.3~0.5	Ⅲ	亚健康	农用地生态结构比较合理、系统稳定，压力较大，接近生态阈值，但敏感地带较多，有少量生态异常出现，可发挥基本生态功能，生态系统可维持
0.1~0.3	Ⅳ	不健康	农用地生态结构出现缺陷、外界压力大，生态异常较多，生态功能不能满足维持生态系统需要，生态系统已开始退化
≤0.1	Ⅴ	病态	农用地生态结构极不合理，自然植被斑块破碎化严重，出现大面积生态异常区，生态系统已受到严重恶化

5.3.2 人体健康风险评价

土壤造成的人体健康风险由人体摄入的污染物总量和污染物的参考剂量来计算，污染物的摄入总量包括食物摄入量、手-口摄入量、皮肤吸收量和呼吸摄入量。

（1）食物摄入量。

$$DIM = (C_M \times C_F \times W_F)/BW \qquad (5\text{-}17)$$

式中，DIM 为食物摄入污染物量，mg/kg；C_M 为植物中污染物含量，mg/kg；C_F 为新鲜植物烘干净重转变系数，取 0.085%；W_F 为植物食用量，kg；BW 为平均体重，我国成人可取 70kg。

（2）手-口摄入量。

$$HMD = (C_{soil} \times SIR \times FC \times EF \times B)/BW \qquad (5\text{-}18)$$

式中，HMD 为手-口摄入污染物量，mg/(kg·d)；C_{soil} 为土壤中污染物含量，mg/kg；SIR 为消化率，kg/d；FC 为接触频次，%/d；EF 为暴露频次，%/d；B 为生物吸收率，%；BW 为平均体重，kg。

（3）皮肤吸收量。

$$DUD = (C_{soil} \times SCR \times SA \times FC \times EF \times B)/BW \qquad (5\text{-}19)$$

式中，DUD 为皮肤吸收污染物量，mg/(kg·d)；C_{soil} 为土壤污染物含量，mg/kg；SCR 为土壤沉积率，mg/(cm^2·d)；SA 为皮肤暴露面积，cm^2；FC 为接触频次，%/d；EF 为暴露频次，%/d；B 为生物吸收率，%；BW 为平均体重，kg。

（4）呼吸摄入量。

$$IPD = (C_{air} \times IR \times F \times BF \times EF)/BW \qquad (5\text{-}20)$$

式中，IPD 为呼吸吸收污染物量，mg/(kg·d)；C_{air} 为空气中土壤含量，mg/m^3；IR 为呼吸率，m^3/d；F 为吸入肺部颗粒物，%；BF 为人体吸收率，%；EF 为暴露频次，%/d；BW 为体重，kg。

（5）人体摄入污染物总量。

$$TUM = DIM + HMD + DUD + IPD \qquad (5\text{-}21)$$

式中，TUM 为人体摄入污染物总量，mg/d；DIM 为通过食物摄入污染物量，mg/kg；HMD 为通过手-口污染物摄入量，mg/(kg·d)；DUD 为通过皮肤吸收污染物量，mg/(kg·d)；IPD 为通过呼吸吸收污染物量，mg/(kg·d)。

（6）人体健康风险评价。土壤中污染物对人体产生的健康风险通过人体健康风险指数来评价，计算公式如下：

$$HRI = TUM/RFD \qquad (5\text{-}22)$$

式中，HRI 为人体健康风险指数；TUM 为人体摄入污染物总量，mg/d；RFD 为参考剂量，mg/d。

$HRI \geqslant 1$ 时，人体摄入的污染物总量超过人体阈值，对人体健康构成威胁，$HRI < 1$ 时，人体摄入的污染物总量没有超过人体阈值，对人体健康不构成威胁。

5.4   土壤污染控制

土壤污染和人们的健康息息相关，因此必须采取科学的措施控制污染物的输入和迁移，去除土壤中的某些污染物或降低其活性。本节简要介绍几种土壤污染的修复技术。

5.4.1 土壤重金属污染防治

土壤中重金属污染的治理措施主要有两种：一是通过向土壤中加入固化剂，使土壤中的重金属由活化态转变为稳定态，降低重金属离子在土壤中的迁移能力，避免其通过食物链或地下水进入人体；二是利用淋溶技术或超累积植物将重金属离子从土壤中直接去除，化学溶剂淋溶技术可使土壤中的重金属离子进入溶液中得以去除，超累积植物能够将土壤中的重金属离子富集在植物体内。两种方法都能够去除土壤中的重金属，但淋溶产生的溶液、累积重金属的植物需妥善处置。

5.4.1.1 物理修复技术

物理修复技术包括换土法、热处理法和离子交换法等，物理法工程量大，修复成本高，修复不彻底。新型电动修复技术与螯合剂一起使用可显著提高修复效率，高效修复多种重金属离子的污染，但易受土壤 pH、Zeta 电位等多种理化性质的影响。

5.4.1.2 化学修复技术

化学修复技术主要包括淋溶法、氧化还原法和化学固定技术。淋溶法主要是利用淋溶剂将重金属从土壤中清洗迁移出来，常见的淋溶剂是 Ca-EDTA；氧化还原法可以改变重金属的价态，从而降低其活性；化学固定技术是利用固定剂、改良剂和稳定剂等吸附固定土壤中的重金属，降低其迁移能力，常见的固定剂主要有硅酸类矿物如沸石、硅藻土、海泡石、生物质炭和石灰石等。化学修复技术成本高、效率高，应用广泛，但易造成二次污染、土壤养分流失以及土壤板结等问题。

5.4.1.3 生物修复技术

随着植物修复技术的发展与应用，人们发现了越来越多的超累积植物，如蜈蚣草、三叶鬼针草、龙葵、东南景天等，但超累积植物大多具有专一性，无法同时修复多种重金属污染，且部分超累积植物生长缓慢，生物量小，难以耐受多种重金属污染，应用受到限制。

土壤中的微生物在生长繁殖过程中会吸收或吸附土壤中的重金属

离子，将其从无机态转化为有机态，降低重金属离子的生物毒性，但并不能真正去除重金属离子，且微生物生存条件受土壤环境影响较大，需要创造适宜微生物生长的条件。

植物-微生物联合修复技术可取长补短，弥补两种方法的不足，修复土壤污染的效果明显。微生物能分泌植物激素类物质吲哚乙酸（IAA）和铁载体、1-氨基环丙烷-1-羧酸（ACC）脱氨酶等活性物质，促进植物生长，有利于植物对重金属的吸收、积累和转运，植物能分泌糖类、氨基酸、有机酸和可溶性有机质等，可被微生物代谢利用，并促进微生物生长，从而提高植物-微生物联合修复的效率。

5.4.2 土壤石油污染防治

5.4.2.1 物理修复技术

用表面活性剂与水混合制成洗涤水，注入被石油污染的土壤中进行洗涤，可将土壤中的石油成分进行去除，实现石油污染土壤的修复；把石油混合物中液相不相溶的成分分离出来，通过有机溶液将土壤中的石油成分进行萃取、分离，达到去除、回收土壤中石油的目的。

5.4.2.2 化学修复技术

向被石油污染的土壤中喷洒和注入化学氧化剂，氧化剂可与土壤中的石油成分发生氧化反应从而将其分解。常用的化学氧化剂包括二氧化氯、臭氧、高锰酸钾、过氧化氢等。

5.4.2.3 生物修复技术

生物修复技术是指利用特定的微生物、植物等将土壤中的石油及相关产品转化成无机物（水和二氧化碳）的过程，该技术分为微生物修复技术和植物修复技术。微生物修复技术是利用土壤中的土著微生物或补充驯化的高效微生物，在适宜的生存条件下，土壤中的石油污染物被分解；植物修复技术是利用植物及其根系微生物与周围环境之间的相互作用，对石油污染物进行吸收、分解或吸附，使土壤环境得到改善。

A 微生物修复技术

微生物修复技术包括原位修复技术和异位修复技术，原位修复技术在污染地点接种微生物，不破坏土壤基本结构，利用土壤中的微生物和氧（或其他电子受体）实现石油的氧化分解；异位修复技术是将污染土壤转移到一个固定的处理地点，人为创造微生物适宜的生长条件，实现石油的氧化分解。异位修复技术在实际中应用较多。

（1）原位修复技术-生物通气法。在待处理的土壤中打井（至少两口），安装鼓风机和抽真空机，将空气（加入 N、P 营养元素）注入土壤，然后抽出，土壤中低沸点、易挥发的污染物被抽出，而高沸点、重组分的有机物在微生物作用下，被分解为二氧化碳和水。

（2）异位修复技术-土壤耕作法。利用耕作机械，定期将废物、营养物质、微生物以及氧气充分接触，使上部处理带始终保持良好的耗氧状态，处理过程中不断增加微生物和表面活性剂，频繁进行土壤的旋耕和翻耕，达到土壤中石油污染物被分解的目的。

（3）异位修复技术-土壤堆腐法。在土壤耕作法的基础上，加入土壤调理剂，如干草、刈割草、树叶、木屑、麦秆、锯屑或肥料，提高土壤的渗透性，增加氧的传输量，土壤中的微生物既消耗土壤调理剂又消耗石油污染物，加快了生物修复反应的速度。

（4）异位修复技术-预制床法。在预制床上铺上石子和沙子，将污染土壤平铺其上，然后加入营养物质，补充水分以及必需的表面活性剂，定期翻动土壤以补充氧气，满足土壤中微生物生长的需要，使土壤中的石油污染物被降解。

（5）异位修复技术-生物反应器法。土壤挖出后进行预筛，筛去大块部分，然后将土壤分散于水中形成泥浆，将该泥浆送入生物反应器，加入接种的微生物和营养物质，并在好氧条件下运转。

B 植物修复技术

植物对土壤中有机物的修复主要是通过植物吸收和微生物降解作用。植物的相对亲脂性越高，植物对有机物的吸收越明显。植物根际为微生物的生存创造了良好的环境，促进了植物根际周围微生物的生长与繁殖，加速了根际周围有机污染物的降解速率。

5.4.3 土壤农药污染防治

（1）物理修复技术-土壤淋洗法。包括原位修复技术和异位修复技术。原位修复技术是指通过注入淋洗剂至污染区域，然后抽提出含有污染物质的淋洗剂，再将淋洗剂进行净化、分离、回用；异位修复技术是指将土壤挖掘出来，预处理后将土壤与淋洗剂加入淋洗设备进行深度洗涤，分离出含有污染物质的淋洗剂，修复后的清洁土壤返回原位置。

（2）化学修复技术-Fenton 氧化法。Fenton 氧化法能够产生羟基自由基（·OH），快速降解土壤中的有机农药，如多氯联苯、六六六、滴滴涕等。

（3）生物修复技术-植物修复。一些植物可以吸收、运输、储存及分配有机农药，这些物质在植物体内能被代谢或矿化，被转化为无毒或毒性较弱的化合物。如南瓜、小胡瓜、某些草类对滴滴涕具有较强的富集能力，能够将其去除，狼尾草、高丹草对莠去津具有较好的去除效果。

（4）生物修复技术-微生物修复。利用天然生存的微生物或人为添加的特效微生物，可以分解土壤中的有机农药，如细菌、放线菌、真菌等。另外，植物-微生物联合修复对土壤农药具有较好的去除效果。

6 固体废物与污染损失

固体废物是指在生产、生活和其他活动过程中产生的丧失原有的利用价值或者虽未丧失利用价值但被抛弃或者放弃的固体、半固体，以及置于容器中的气态物品、物质以及法律、行政法规规定纳入废物管理的物品、物质。固体废物包括城市生活垃圾、工业固体废物和危险废物，生活垃圾含有煤灰、金属、砖瓦、玻璃等无机成分和塑料、纸、织物等有机成分，工业固废主要有粉煤灰、炉渣、煤矸石、冶炼废渣等，这两种废物危害相对较小，处置技术已经较为成熟。危险废物种类较多，对人体危害较大。

6.1 危 险 废 物

根据《中华人民共和国固体废物污染防治法》的规定，危险废物是指列入国家危险废物名录或者根据国家规定的危险废物鉴别标准和鉴别方法认定的具有危险特性的废物。根据《国家危险废物名录》的定义，具有下列情形之一的固体废物和液态废物归为危险废物：

（1）具有腐蚀性、毒性、易燃性、反应性或者感染性等一种或者几种危险特性的；

（2）不排除具有危险特性，可能对环境或者人体健康造成有害影响，需要按照危险废物进行管理的。

危险废物处置不当，危害极大，在雨水或地下水的长期渗透、扩散作用下，堆存的危险废物会污染水体和土壤环境，加大处理和修复的难度，甚至会引起燃烧、爆炸等危险性事件；危险废物可通过摄入、吸入、皮肤吸收、眼睛接触等途径进入人体，长期接触或重复接触可导致中毒、致癌、致畸、致突变等。

6.1.1 危险废物名录

危险废物的危险特性通常包括毒害性（含急性毒性、浸出毒性、生物蓄积性、刺激或过敏性等）、易燃性、易爆性、腐蚀性、化学反应性和疾病传染性等，根据这些性质，各国均制定了各自的鉴别标准和危险废物的名录。我国 1998 年发布了《国家危险废物名录》（以下简称名录），2016 新版《国家危险废物名录》发布实施，家庭过期药品被明确列入《国家危险废物名录》，2020 年，《国家危险废物名录（2021 年版）》公布，自 2021 年 1 月 1 日起施行，该版共计列入 467 种危险废物。

危险废物可用标示牌提醒警示人们，废物产生、转移、贮存和处置利用过程中可能对人们造成危害，如图 6-1 所示。

图 6-1　危险废物标志

6.1.2 危险废物处置

在美国、加拿大等国家，由于人口密度小，国土面积大，填埋是最为主要的危险废物处置方式；而在英国、丹麦等欧洲国家，焚烧和填埋并重；在日本等国土面积小的国家，焚烧则是主要的处置方式。

我国主要的处置方式是焚烧和安全填埋，焚烧产生的残渣也需固化后填埋，一些有利用价值的危险废物也可回收利用，但受到技术、成本等的影响，利用规模不大。固化处理的目的是使危险废物中的所有污染组分呈现化学惰性或被包容起来，以便运输、利用和处置，固化技术主要包括水泥固化、沥青固化、塑料固化、玻璃固化、陶瓷固化等，几种常用的固化技术的相关参数见表6-1。

表 6-1　常用的固化技术

项　目	水泥固化	沥青固化	塑料固化	玻璃固化	陶瓷固化
干废物包容量/%	5~40	30~60	30~60	10~30	15~30
密度/$g \cdot cm^{-3}$	1.5~2.5	1.1~1.9	1.1~1.5	2.5~3.0	2.5~3.0
浸出率/$g \cdot (cm^2 \cdot d)^{-1}$	$10^{-4} \sim 10^{-1}$	$10^{-5} \sim 10^{-3}$	$10^{-6} \sim 10^{-3}$	$10^{-7} \sim 10^{-4}$	$10^{-8} \sim 10^{-5}$
抗压强度/MPa	10~30	塑性	20~100（或塑性）	脆性	高
耐辐照/Gy	约 10^8	约 10^7	约 10^7	约 10^9	约 10^9
投资	低	中	中	高	高
操作和维修	简单	中等	中等	复杂	复杂
适用性	低、中放废物	低、中放废物	低、中放废物	高放、α废物	高放、α废物
应用状况	工业规模	工业规模	工业应用	工业应用	研究开发

6.2　固体废物污染损失

固体废物在堆存和处置过程中会带来经济的损失，如固体废物的堆存和处理处置会对环境造成污染，影响人体健康，垃圾渗出液会对地下水造成污染，挥发的恶臭气体会对大气环境和人体健康造成危害等。关于固体废物污染产生的损失一般采用废物的实际治理成本和虚拟治理成本来计算。

6.2.1　工业固体废物实际治理成本

工业固体废物实际治理成本包括废物处置产生的费用以及贮存废

物产生的费用，如修建贮存场地的投资，处置废物的装置、设备投资，修缮设备投资，交通运输、人工管理费用，这部分费用可采用市场价值法直接进行计算，见式（6-1）。

$$E_1 = \sum (K_i W_i + A_i M_i) \tag{6-1}$$

式中，E_1 为工业固体废物实际治理成本，万元；i 为工业固体废物的种类；K_i 为第 i 种固体废物处置的单位成本，元/t；W_i 为第 i 种固体废物的处置量，万吨；A_i 为第 i 种固体废物贮存的单位成本，元/t；M_i 为第 i 种固体废物的贮存量，万吨。

工业固体废物处置和贮存的单位成本见表6-2。

表 6-2　工业固体废物的单位治理成本　　　　（元/t）

处置单位成本		贮存单位成本	
一般工业固废	危险废物	一般工业固废	危险废物
20	1000	6	50

6.2.2　工业固体废物虚拟治理成本

固体废物的虚拟治理成本是指对未达到无害化处理的固体废物在已经处理的基础上虚拟达到无害化处理所需要花费的治理费用，假定贮存废物和排放废物被无害化处理所产生的费用就是虚拟治理成本，可通过式（6-2）计算。

$$E_2 = \sum (K_i P_i + A_i M_i) \tag{6-2}$$

式中，E_2 为工业固体废物虚拟治理成本，万元；K_i 为第 i 种固体废物处置的单位成本，元/t；P_i 为第 i 种固体废物的排放量，万吨；A_i 为第 i 种固体废物贮存的单位成本，元/t；M_i 为第 i 种固体废物的贮存量，万吨。

6.2.3　生活垃圾实际治理成本

生活垃圾实际治理成本包括垃圾清运成本、卫生填埋成本、垃圾焚烧成本、垃圾堆肥成本和简单处置成本等五部分构成，实际计算时用每一部分的垃圾总量乘以单位成本即可。生活垃圾处理的单位成本可参考郭高丽提供的数据，见表6-3。

表6-3 生活垃圾处理单位成本 （元/t）

垃圾清运	卫生填埋	垃圾焚烧	垃圾堆肥	简单处置
5	40	150	50	12

6.2.4 生活垃圾虚拟治理成本

生活垃圾虚拟治理成本包括垃圾经过简单处理和堆放，到实现卫生填埋所需的虚拟治理成本两部分，可通过式（6-3）计算。

$$E_3 = G_1 V_1 + G_2(V_1 - V_2) \tag{6-3}$$

式中，E_3 为生活垃圾虚拟治理成本，万元；G_1 为生活垃圾堆放量，万吨；V_1 为卫生填埋单位治理成本，元/t；G_2 为生活垃圾简单处置量，万吨；V_2 为简单处置单位成本，元/t。

6.2.5 固体废物占地成本

固体废物的处置会占用土地，使土地丧失原有的功能，引起损失，占地损失可采用机会成本法进行计算。假定堆存土地功能良好，都能种植粮食、蔬菜等农作物，用其农业种植的收益来代表固体废物堆放造成的占地损失，通过式（6-4）计算：

$$E_2 = \sum A_i S_i W_i \tag{6-4}$$

式中，E_2 为占地损失，万元；i 为固废种类；A_i 为第 i 种固废所占土地种植农作物的单位面积收益，元/m^2；S_i 为第 i 种固废的占地系数，m^2/t；W_i 为第 i 种固废的堆存量，万吨。

崔文奇估算了辽宁省固体废弃物的堆存损失和占地损失，见表6-4。

表6-4 辽宁省2000~2014年固体废弃物污染损失

年份	堆存量/万吨	堆存损失/亿元	占地损失/亿元	总损失/亿元
2000	4989	10.90	0.26	11.16
2001	5132	11.26	0.32	11.58

年份	堆存量/万吨	堆存损失/亿元	占地损失/亿元	总损失/亿元
2002	5007	11.00	0.30	11.3
2003	4852	10.90	0.32	11.22
2004	5327	12.64	0.44	13.08
2005	5974	14.40	0.40	14.8
2006	8055	19.70	0.53	20.23
2007	8631	21.94	0.63	22.57
2008	8259	22.88	0.71	23.59
2009	8980	24.28	0.61	24.89
2010	9002	25.21	0.80	26.01
2011	17522	52.31	2.01	54.32
2012	15418	46.54	1.89	48.43
2013	15045	45.46	1.99	47.45
2014	17947	54.61	1.77	56.38

　　另外，固体废物处理处置过程中的健康风险评价仍然可以利用US EPA 提供的经典四步法来开展，详见第 2 章内容，不再重复阐述。

7 物理性污染与健康风险评价

环境污染除了水污染、大气污染、固体废物和土壤污染之外，还存在一类和物理要素有关的污染，即物理性污染，包括噪声（振动）污染、电磁辐射污染、放射性污染、光污染和热污染等，和其他形式污染相比，物理性污染对人们的健康造成的损害相对较小，人们往往对这类污染不甚重视。

7.1 噪声及其危害

随着我国城市化进程的加快以及工业和交通业的发展，噪声逐渐被认为是一种严重的社会公害，噪声污染也被人们称为城市的一大隐患、"无形的暴力"、"隐形杀手"等。20 世纪 50 年代后，因为噪声污染而发生的社会事件也屡有报道。

7.1.1 噪声的来源与分类

7.1.1.1 噪声的来源

噪声的来源主要有四个：工业噪声、交通噪声、建筑施工噪声和生活噪声。

工业噪声是指工厂生产过程中由于机械振动、摩擦撞击及气流扰动产生的噪声。例如，空压机、鼓风机和锅炉排气放空时产生的噪声，球磨机、粉碎机和织布机等产生的噪声等。工业噪声声源多而分散，噪声类型比较复杂，防治困难。表 7-1 是工业中部分设备产生的噪声值。

交通噪声是指飞机、火车、轮船、汽车等交通运输工具在飞行和行驶中所产生的噪声，包括发动机壳体的振动噪声、进气声、排气声、喇叭声、制动声以及轮胎与路面之间形成的噪声等。

表 7-1 工业中部分设备产生的噪声值 （dB（A））

设备名称	声级范围	设备名称	声级范围	设备名称	声级范围	设备名称	声级范围
织布机	96~106	锻机	89~110	风铲	91~110	卷扬机	80~90
鼓风机	80~126	冲床	74~98	剪板机	91~95	退火炉	91~100
引风机	75~118	车床	75~95	粉碎机	91~105	拉伸机	91~95
空压机	73~116	砂轮	91~105	磨粉机	91~95	细纱机	91~95
破碎机	85~114	冲压机	91~95	冷冻机	91~95	整理机	70~75
球磨机	87~128	轧机	91~110	抛光机	96~105	木工圆锯	93~101
振动筛	93~130	发电机	71~106	锉锯机	96~100	木工带锯	95~105
蒸汽机	86~113	电动机	75~107	挤压机	96~100	飞机发动机	107~160

　　建筑施工噪声包括土方爆破、挖掘沟道、平整和清理场地、打夯、打桩等基础作业产生的噪声，立钢骨架或钢筋混凝土骨架、吊装构件、搅拌和浇捣混凝土等主体工程产生的噪声，材料和构件运输产生的噪声，敲打、撞击、旧建筑倒塌等产生的噪声。表 7-2 是常见施工设备产生的噪声值。

表 7-2 常见施工设备产生的噪声值 （dB（A））

机械名称	距声源 10m 距离		距声源 30m 距离	
	范围	平均	范围	平均
打桩机	93~112	105	84~102	93
混凝土搅拌	80~96	87	72~87	79
地螺钻	68~82	75	57~70	63
铆抡	85~98	91	74~86	80
压缩机	82~98	88	73~86	78
破土机	80~92	85	74~80	76

　　社会生活噪声主要是商业、娱乐、体育、游行、庆祝、宣传等活动产生的噪声。表 7-3 是常见家用设备产生的噪声值。

表 7-3 常见家用设备产生的噪声值 （dB(A)）

名称	声级范围	名称	声级范围
洗衣机	50~80	窗式空调	50~65
除尘器	60~80	缝纫机	45~70
钢琴	60~95	吹风机	45~75
电视	55~80	高压锅	58~65
电风扇	40~60	脱排油烟机	55~60
电冰箱	40~50	食品搅拌机	65~75

7.1.1.2 噪声的分类

噪声按其物理特性可分为机械噪声、空气动力噪声和电磁噪声。

（1）机械噪声。物体间的撞击、摩擦，交变的机械力作用下的金属板，旋转的动力不平衡，以及运转的机械零件轴承、齿轮等都会产生机械性噪声。

（2）空气动力噪声。叶片高速旋转或高速气流通过叶片，会使叶片两侧的空气发生压力突变，激发声波，如通风机、鼓风机、压缩机、发动机迫使气体通过进、排气口时发出的声音即为气体动力噪声。

（3）电磁噪声。由于电机等的交变力相互作用产生的声音。如电流和磁场的相互作用产生的噪声，发动机、变压器的噪声均属此类。

7.1.2 噪声的危害

7.1.2.1 听力损失

听力损失是指某耳在 1 个或数个频率的听阈比正常耳的听阈高出的值（dB）。国际标准化组织规定，用 500Hz、1000Hz 和 2000Hz 的听力损失的平均值来表示人耳的听力损失。

短时间待在噪声环境中，对人们听力的影响比较小，即使造成短暂的听力下降，经过休养即可恢复，这种情况称为"暂时性听阈偏移"或"听觉疲劳"，但长时间待在噪声环境中会增加听力损失，导致听力下降，造成职业性耳聋（噪声性耳聋或永久性听力损失）。特殊场合下，当人突然暴露于高强度的噪声环境中，会导致人耳朵的鼓膜破裂、出血，瞬间失去听力，这种情况称为"爆振性耳聋"。听力损失和人耳听觉的关系见表 7-4。

表 7-4   听力损失和人耳听觉的关系

听力情况	基本正常	轻度聋	中度聋	显著聋	重度聋	极端聋
听力损失/dB(A)	<25	25~40	40~55	55~70	70~90	>90

目前，职业性耳聋已经成为继职业性尘肺病后的第二大职业病，据每年的噪声职业人员体检情况显示，噪声作业工龄 5 年以上，尤其是接触 85dB 以上的劳动者中 50% 都存在不同程度的听力损失，作业工龄 20 年以上、导致噪声性耳聋的劳动者为 1%~5%。2016 年全国听力障碍与耳病调查总结研讨会发布了我国听力障碍调查结果，我国有 15.84% 的人患有听力障碍，其中患致残性听力障碍，即中度以上听力障碍的人占到总人口的 5.17%，在"2019 年广州市医学会职业病学分会学术年会"上，有专家指出全国每年新增噪声性耳聋约 2000 例，2021 年世卫组织发布了《世界听力报告》，指出全球有 11 亿年轻人因不良聆听习惯而处于永久性听力损失的危险中。每年的 3 月 3 日是全国爱耳日，也是世界听力日，2022 年世界听力日的主题为"谨慎用耳，耳聪一生"，我国爱耳日的主题为"关爱听力健康，聆听精彩未来"，职业性耳聋越来越引起人们的重视。

7.1.2.2   诱发疾病

（1）心血管疾病。世界卫生组织和欧盟合作研究中心公布了一份关于噪声对健康影响的全面报告《噪声污染导致的疾病负担》，首次指出噪声污染可能引发心脏病。胡正元对动物和人的研究也表明，长期噪声暴露条件下会产生心、脑血管的功能调节障碍，出现脑血管和冠状血管收缩、脑的血流量减少，心肌缺血、心血管疾病的发病率均明显升高，包括高血压、心律不齐、心肌缺血、病理性心脏变形及眼底血管硬化等。

（2）消化系统疾病。噪声可导致消化系统功能紊乱，引起消化不良、食欲不振、恶心呕吐，使肠胃病和溃疡病发病率升高。余慧珠等人调查了 55 名噪声接触工人和 50 名对照工人的消化道症状和疾病检出率，结果发现接触噪声工人的某些消化道症状、胃症检出率、尿胃蛋白酶浓度和空腹基础胃酸排出量显著高于对照组，表明噪声对消化系统的功能和疾病有一定的影响。

（3）神经系统疾病。长时间处于噪音环境中，会发生中枢神经系统机能的改变，会使大脑皮层的兴奋和抑制的平衡状态失调，形成牢固的兴奋，使支配内脏的自主神经发生功能紊乱，进而引起头痛、头晕、失眠、多梦、记忆力减退、注意力分散、耳鸣，容易疲倦、反应迟钝、神经压抑以及容易激怒等一系列症状。

（4）心理疾病。噪声容易使人烦恼，导致心态失衡，甚至引发一些刑事案件。噪声引起烦恼的程度首先与其物理特性有关，一般而言，强度大的比强度小的噪声，高频噪声比响度相等的低频噪声，间歇噪声、脉冲噪声比连续稳态噪声，机器产生的噪声比同样响度的自然界噪声，晚上发生的比白天发生的噪声更令人烦恼；噪声引起烦恼还与人的情绪、需要、态度、健康状况、生活习惯、年龄、工作性质等因素有关。

（5）对孕妇和胎儿的影响。强烈的噪声对孕妇和胎儿发育可能产生一定影响。20 世纪 70 年代，国外曾有人对居住在国际机场附近的居民进行了调查，发现当地居民所生婴儿的体重比其他地区低。国外的一些研究表明，孕妇在怀孕期间接触强烈噪声（100dB 以上）使婴儿听力下降的可能性增大。

7.1.2.3 干扰人的正常生活

噪声对人的睡眠影响极大，会导致人多梦、易惊醒、睡眠质量下降等。噪声会干扰人的谈话、工作和学习，分散人的注意力，导致工作效率下降，差错率上升。噪声还会掩蔽安全信号，如报警信号和车辆行驶信号等。

7.1.2.4 损害建筑物和设备

特强噪声会损伤仪器设备，甚至使仪器设备失效，如当噪声超过150dB 时，会严重损坏电阻、电容、晶体管等元件。当特强噪声作用于火箭、宇航器等机械结构时，由于受声频交变负载的反复作用，会使材料产生疲劳现象而断裂，这种现象叫作声疲劳。

7.1.3　噪声控制措施

噪声的控制可以从抑制噪声源、切断传播途径和保护接收者三个环节进行。

（1）抑制噪声源。噪声控制首先考虑的环节就是抑制噪声源，噪声是伴随噪声源的出现而产生的，没有直接的污染物，在环境中不积累、不停留，噪声源停止发声，噪声也就随之消失。可以选用发声小的材料制造机件、改进加工工艺和设备、改革传动装置、添加润滑油、调整设备的平衡等措施来降低噪声源产生的噪声。

（2）控制传播途径。将需要安静的居民区、学校、机关单位、疗养院等和喧闹的车站、商场、工业等合理规划，保持一定间距，相互之间不受影响，利用地形地物阻挡噪声的传播，通过绿化吸收噪声或阻挡噪声的传播，利用声学控制技术降噪，如吸声、隔声、消声等。

1）吸声。声波通过某种介质或入射到某介质表面时，声能减少并转化为热能消耗的过程称为吸声。表征材料吸声性能的参数是吸声系数，即被材料吸收的声能与入射声能的比值。吸声系数大于0.2的材料称为吸声材料，吸声材料包括多孔性吸声材料和共振吸声结构，其中多孔性吸声材料常用的有玻璃棉、岩棉、聚酯纤维吸音板、羊毛毡、矿渣棉、植物纤维等，共振吸声结构包括薄膜共振吸声结构、薄板共振吸声结构、穿孔板共振吸声结构、微穿孔板吸声结构、吸声尖劈等。

2）隔声。在声波传播的过程中，设置适当的屏蔽物可以使大部分声能反射回去，从而降低噪声的传播，常用的隔声构件有隔声墙、隔声屏障、隔声罩、隔声间等。

3）消声。在气流通道上安装消声器可降低气流噪声的影响。消声器是一种允许气流通过，又能有效阻止或减弱噪声向外传播的装置。

（3）保护接收者。在声源、传播途径上仍无法降低噪声的影响时，可考虑采取保护接受者的措施，如戴上防护耳塞等。

7.2 电磁辐射及其危害

电磁辐射是能量以电磁波形式由源发射到空间的现象。随着科学技术的发展，电台、雷达、卫星通信、微波等军民传输信息的电磁辐射设备的应用越来越多，电磁能在军事信息传输、科学研究、医疗等领域的应用也越来越广泛，也造成了环境中电磁辐射强度的增大。

电磁辐射本身无害，而且是人们所必需的，当电磁辐射强度或作用时间超过一定程度时会产生电磁辐射污染，对人体或生态环境产生危害。常见的电磁辐射源包括高压线、计算机、手机、微波炉等。

7.2.1 电磁辐射源

人类工作和生活的环境充满了电磁辐射，电磁辐射的来源包括自然电磁场源和人工电磁场源，见表 7-5 和表 7-6。

表 7-5 自然电磁场源

分 类	来 源
大气与空气污染源	自然界的火花放电、雷电、台风、寒冷雪飘、火山喷烟
太阳电磁场源	太阳的黑子活动和黑体放射
宇宙电磁场源	银河系恒星的爆发，宇宙间电子移动

表 7-6 人工电磁场源

分 类		设备名称	污染来源与部件
放电所致场源	电晕放电	电力线（送配电线）	由于高电压、大电流而引起静电感应、电磁感应、大地漏泄电流所造成
	辉光放电	放电管	白炽灯、高压水银灯及其他放电管
	弧光放电	开关、电气铁道、放电管	点活系统、发电机、整流装置等
	火花放电	电气设备、发动机、冷藏车、汽车等	整流器、发电机、放电管、点火系统等

续表 7-6

分　类	设备名称	污染来源与部件
工频感应场源	大功率输电线、电气设备、电气铁道	高电压、大电流的电力线场 电气设备
射频辐射场源	无线电发射机、雷达等	广播、电视与通风设备的振荡与发射系统
	高频加热设备、热合机、微波干燥机等	工业用射频利用设备的工作电路与振荡系统
	理疗机、治疗机	医学用射频利用设备的工作电路与振荡系统
家用电器	微波炉、计算机、电磁灶、电热毯等	功率源为主
移动通信设备	手机、对讲机	天线为主
建筑物反射	高层楼群以及大的金属构件	墙壁、钢筋、吊车等

表 7-7 为输出功率 100kW、频率 200~300kHz 的高频冶炼机电磁辐射状况。

表 7-7　冶炼机作业区电磁辐射产生状况

测　试　部　位		电场强度/$V \cdot m^{-1}$	磁场强度/$A \cdot m^{-1}$
距感应器 30cm 处	头部	75~80	0
	胸部	55~85	1~5
	腹部	50~90	2~7
距馈线 40cm 处	头部	18~35	0
	胸部	8~30	0.5~1.0
	腹部	3~25	0.5~0.6
距设备 30cm 处	头部	20~40	0.2~0.5
	胸部	25~55	0.2~0.7
	腹部	35~75	0.4~0.5

测 试 部 位		电场强度/V·m^{-1}	磁场强度/A·m^{-1}
距设备 50cm 处	头部	10~25	0
	胸部	8~18	0
	腹部	5~12	0
距设备 1m 处	头部	5~6	0
	胸部	3~5	0
	腹部	3~5	0

7.2.2 电磁辐射污染的危害

长期接触电磁辐射对人体健康会产生一定的危害。

（1）长期接触电磁波辐射，心音将发生改变，心动过缓或过速，发生心率不齐和低血压，影响人的心血管系统。

（2）慢性微波辐射作用下，可杀伤人体细胞，破坏人体生态平衡，温度上升、蛋白变性和体内酶活性改变，会诱发癌症，如长期在高压线附近工作的，癌细胞生长速度比一般人快 4 倍。

（3）影响人的生殖系统，男子精子质量降低。

（4）会导致孕妇发生自然流产和胎儿畸形等，还会导致儿童智力残缺。

（5）对人的视觉系统造成不良影响。

电磁辐射对人体健康危害的因素和辐射源、周围环境及受体差异有关，微波对生物的影响见表 7-8。

表 7-8 微波对生物的影响

频率/MHz	波长/cm	受影响的主要器官	主要的生物效应
<150	>200		穿透不受影响
150~1000	30~200	体内各器官	过热时引起各器官损伤
1000~3000	10~30	眼睛晶状体和睾丸	组织加热显著，眼睛晶状体混浊

续表 7-8

频率/MHz	波长/cm	受影响的主要器官	主要的生物效应
3000～10000	3～10	表皮和眼睛晶状体	伴有温热感的皮肤加热，白内障患病率增高
>10000	<3	皮肤	表皮反射，部分吸收而发热

杨青廷等人研究表明，天然高本底辐射地区人群外周血淋巴细胞发生染色体易位、染色体非稳定性畸变的危险度分别是非高本底辐射地区人群的 1.574 倍和 2.040 倍，放射工作人员晶状体浑浊、晶状体后囊下浑浊、染色体型畸变、双着丝粒+环状染色体畸变、易位的危险度分别是非放射工作人员的 2.51 倍、4.03 倍、3.03 倍、4.72 倍、2.73 倍。

7.2.3　电磁辐射污染控制

电磁辐射污染可以通过屏蔽、接地和滤波等技术措施来控制。

（1）屏蔽。屏蔽就是指采取一切可能的措施将电磁辐射的作用与影响限定在一个特定的区域内。主要依靠屏蔽体的反射（介质与金属的波阻抗不同）和吸收（电损耗、磁损耗、介质损耗）作用。按照屏蔽的方法（场源和屏蔽体的位置）分为主动场屏蔽与被动场屏蔽；按照屏蔽的内容分为电磁屏蔽、静电屏蔽和磁屏蔽三种。

（2）接地。接地有射频接地和高频接地两类。射频接地是将场源屏蔽体或屏蔽体部件内感应电流加以迅速引流以形成等电势分布，避免屏蔽体产生二次辐射。高频接地是将设备屏蔽体和大地之间，或者与大地上可以看作公共点的某些构件之间，采用低电阻导体连接起来，形成电气通路，使屏蔽系统与大地之间形成一个等电势分布。

（3）滤波。滤波是抑制电磁干扰最有效的手段之一。滤波即在电磁波的所有频谱中分离出一定频率范围内的有用波段。线路滤波的作用是保证有用信号通过的同时阻截无用信号通过。

7.3 放射性污染及其危害

核能的最大用途就是生产电力，地球上蕴藏着数量可观的铀、钍等裂变资源，如果把它们的裂变能充分利用，可以满足人类的能源需求。然而核能也给人类带来了巨大的痛苦和伤害。1986 年 4 月 26 日，发生在乌克兰切尔诺贝利核电站的核泄漏，导致 30 人当场死亡，大批人员被迫撤出污染区，约 1650km^2 土地被辐射，核心污染区的生物发生了严重的畸形变种，上万人因放射物质的长期影响患癌或死去。

放射性污染主要指的是核物质泄漏后的遗留物对环境造成的破坏，包括核辐射、原子尘埃等引起的直接污染，以及它们带来的次生污染，比如被核物质污染的水源对人畜的伤害等。环境中的放射源包括天然辐射源和人工辐射源。天然辐射源包括宇宙辐射、地球内放射性物质和人体内放射性物质等；人工辐射源包括核试验放射性污染、核能和放射性同位素生产、核材料贮存和运输、放射性固体废物处理与处置、核设施退役。

人们在日常生活中有多种可能受到辐照，一次吸收 1Sv 可以让人大病一场；如果再多吸收几希，那么很有可能因此而丧命。如果辐照量平分在相当长的一段时间内吸收的话，那么人体是有可能将其安全吸收掉的。但是，辐照的吸收总量过多，也会增加人们患癌症的概率，表 7-9 为各类事件辐射的当量剂量。

表 7-9 各类事件辐射的当量剂量

事件说明	当量剂量
睡在某人的旁边	0.05μSv
住在核电厂 80km 的范围内一年	0.09μSv
吃一根香蕉	0.1μSv
住在煤火力发电厂 80km 的范围内一年	0.3μSv
一次手臂 X 光	1μSv

事 件 说 明	当量剂量
用显像管计算机显示器一年	1μSv
在高原等高背景辐射的地方待一天	1.2μSv
牙齿或手掌 X 光	5μSv
普通人日常一天接收的背景辐射量	10μSv
胸腔 X 光	20μSv
美国环保局设定的核电厂一年预期辐射量	30μSv
从纽约飞到洛杉矶所受辐射量	40μSv
在石头、砖或混凝土房屋内居住一年	70μSv
美国三里岛事件后，住在 16km 内的人获得的额外辐射量	80μSv
美国环保局设定的核电厂一年辐射剂量的上限	250μSv
人体内钾元素一年的自然辐射量	390μSv
乳房造影检查	40μSv
福岛西北方 50km 处在 3 月 17 日出现的最大一日辐照量	约 3.6mSv
平常人一年的总背景辐照量 （其中 85% 来源于自然界，剩余为医学检查）	约 3.65mSv
胸腔断层扫描	5.8mSv
2010 年在切尔诺贝利核电站废墟待 1h	6mSv
美国辐照相关职业一年允许的辐照量上限	50mSv
试验确定会增加癌症风险的最低剂量	100mSv
美国环保局允许的在紧急情况下拯救人命时的总剂量上限	250mSv
会造成辐照中毒症状的计量（因人而异）	400mSv
严重辐射中毒，有致命的危险	2000mSv（即 2Sv）
非常严重的辐射中毒，马上治疗的话有生存的可能	4Sv
极其严重的辐射中毒，生命奄奄一息	8Sv
切尔诺贝利核事故时，在反应堆旁边待 10min	50Sv

　　人在短时间内受到大剂量的 X 射线、γ 射线和中子的全身照射，就会产生急性损伤，轻者有脱毛、感染等症状，当剂量大时，出现腹

泻、呕吐等肠胃损伤，在极高剂量照射下，发生中枢神经损伤直至死亡，严重时全身肌肉震颤而引起癫痫样痉挛。高强度辐射会灼伤皮肤，引发白血病和各种癌症，破坏人的生殖功能，严重的能在短期内将人致死。少量累积照射会引起慢性放射病，使造血器官、心血管系统、内分泌系统和神经系统等受到损害，发病过程往往延续几十年。

放射性固体废物的处理技术包括固化和减容。固化是指在放射性废物中添加固化剂，使其转变为不易向环境扩散的固体的过程，常用的固化方法包括水泥固化、沥青固化、塑料固化和玻璃固化。减容技术的目的是减少废物的体积，降低废物包装、贮存、运输和处置的费用，可通过压缩或焚烧来完成。

放射性废液处理技术包括絮凝沉淀、蒸发、膜分离和过滤、离子交换和吸附等技术。放射性废气的处理包括放射性粉尘的处理、放射性气溶胶的处理、放射性气体的处理、碘同位素的处理和废气的排放。

7.4 光的污染及其危害

光污染问题最早于 20 世纪 30 年代由国际天文界提出，他们认为光污染是城市室外照明使天空发亮造成对天文观测的负面的影响，后来英美等国称之为"干扰光"，在日本则称为"光害"。光污染包括可见光污染、红外线和紫外线污染。

7.4.1 光污染的危害

7.4.1.1 损害眼睛

光污染的后果就是带来各种眼疾，如青少年过度使用电子产品导致近视率迅速攀升，荧光灯的频繁闪烁会迫使瞳孔频繁缩放，造成眼部疲劳，长时间受强光刺激，导致视网膜水肿、模糊，破坏视网膜上的感光细胞，使视力受到影响。光照越强，时间越长，对眼睛的刺激就越大。2009 年，澳大利亚《宇宙》杂志报道：美国的一份调查研究显示全球 70% 的人口生活在光污染中，夜晚的光污染已使世界上 20% 的人无法用肉眼看到银河系美景。

7.4.1.2 诱发癌症

科学家对以色列 147 个社区调查后发现，光污染严重的地方导致妇女罹患乳腺癌的概率增加，原因可能是非自然光抑制了人体的免疫系统，影响了激素的产生，内分泌平衡遭破坏而导致癌变。

7.4.1.3 产生不利情绪

光污染可能会引起头痛、疲劳，增加压力和焦虑。研究表明，彩光污染不仅有损人的生理功能，对人的心理也有影响。"光谱光色度效应"测定显示，如果白色光的心理影响为 100，则蓝色光为 152，紫色光为 155，红色光为 158，紫外线最高为 187。人们长期处在彩光灯的照射下，其心理积累效应也会不同程度地引起倦怠无力、头晕、性欲减退、阳痿、月经不调、神经衰弱等病症。

7.4.2 光污染的控制措施

7.4.2.1 可见光污染防治

（1）直接眩光的控制措施。一是采用透明、半透明或不透明的格栅或棱镜将光源封闭起来，控制可见光的亮度，从而减弱眩光；二是通过控制光源的直射光，达到完全看不见光源的目的，如把灯安装在梁的背后或嵌入建筑物等。

（2）反射眩光的控制措施。降低光源的亮度；将灯具布置在反射眩光区以外；增加光源的数量来提高照度，使引起反射的光源在工作面上形成的照度在总照度中所占比例减少；提高环境亮度，减少亮度对比。

（3）光幕反射的控制措施。墙面不使用反光太强的材料；减少干扰区传播的光，加强干扰区以外的光，增加有效照明；避开在干扰区布置灯具；作业区避开来自光源的规则反射。

7.4.2.2 红外线和紫外线的防治

红外线和紫外线应用广泛，使用不当可对人体造成损害，必须做好安全防护。健全规章制度，加强红外线和紫外线的使用管理，产生红外线的设备要定期检查和维护，防止误照，做好紫外消毒设施的维护和检查，如有破损立即更换，消毒应在无人状态下开展，杜绝将紫外灯作为照明灯使用。另外，可佩戴防护镜和面罩以加强个人防护。

另外，制定和完善光污染防治的法规，科学合理的城市规划和建筑设计均可减少光污染，限制玻璃幕墙的使用并尽可能避开居民区，装饰装修避免使用刺眼颜色，选用反射系数较小的材料，加强夜景照明和灯火管制等均可降低光污染的影响。

7.5 热污染及其危害

热污染是指现代工业生产和生活中排放的废热所造成的环境污染，是直接影响人类生产、生活的一种增温效应。热污染分为大气热污染和水体热污染。火力发电厂、核电站和钢铁厂的冷却系统排出的热水，以及石油、化工、造纸等企业排出的生产性废水均含有大量废热，若直接排入地面水体，会导致水温升高。大气热污染最典型的现象是全球温室效应和城市热岛效应，温室效应是大家比较熟悉的一种全球性环境问题，第 1 章的内容已经详细介绍，这里主要介绍城市热岛效应。

城市热岛效应是指城市中的气温明显高于外围郊区的现象，人类利用人造卫星以红外线拍摄地球，拍摄影像显示城市和郊区的温度有着明显的差异，城市部分就好像一个浮岛，因此称为热岛效应。热岛效应产生的原因包括人为热的过量排放、城市下垫面的变化、地面绿化和湿地面积的减少、大气成分的变化等。

7.5.1 热污染的危害

水体的热污染对水生生物的生存构成威胁，水温升高使水中溶解氧减少，水体处于缺氧状态，造成一些水生生物发育受阻或死亡，破坏生态环境的平衡。水体水温上升为一些致病微生物提供了温床，引起疾病流行。1965 年澳大利亚曾流行过一种脑膜炎，后经科学家证实，其祸根是一种变形原虫，由于发电厂排出的热水使河水温度增高，这种变形原虫在温水中大量滋生，造成水源污染而引起了这次脑膜炎的流行。

大气的热污染改变全球生态环境，导致局部气候异常，影响生物的生存环境，降低人们的生活质量，引起中暑，诱发疾病的发生等。

7.5.2　热污染的防治

（1）废热的综合利用。生产过程中产生的余热种类繁多，有高温烟气余热、高温产品余热、冷却介质余热和废气废水余热等，这些余热都是可以利用的二次能源。我国每年可利用的工业余热相当于5000万吨标煤的发热量。在冶金、发电、化工、建材等行业，可通过热交换器利用余热来预热空气、原燃料、干燥产品、生产蒸气、供应热水等，还可以用来调节水田水温和港口水温，防止港口冻结。

（2）通过节能技术和装备循环利用热能。如通过热泵、热管、隔热材料和空冷技术等装备或技术减少热能排放。

（3）开发新能源代替化石能源，减少废热的产生。利用生物质能、水能、风能、地热能、潮汐能和太阳能等新能源，既解决了污染物，又可防止和减少热污染。

（4）固碳技术可减少碳的排放。二氧化碳是最主要的温室气体，在特殊催化体系下，可与其他化学原料发生化学反应，固定为高分子材料。CO_2固定技术的关键是利用适当的催化体系，使惰性CO_2活化，作为碳或碳氧资源加以利用，活化方法包括生物活化、光化学辐射活化、电化学还原活化和热解活化等。

7.6　物理性污染损失和风险评价

目前针对噪声污染的研究主要集中在污染损失方面，放射性核素的风险评价做了较多的研究，而电磁辐射污染、热污染和光污染的风险评价还没有系统的研究，本节内容主要讲解噪声污染产生的损失和放射性核素对人体的健康风险。

7.6.1　噪声污染损失估算

噪声污染损失的估算方法包括损害费用法、意愿调查评估法、防护费用法和成本效益法等。

7.6.1.1　损害费用法

参考已有研究成果，这里重点讲解交通噪声造成的污染损失。噪声污染损失主要包括人体健康损失、房地产贬值损失、工作效率下降损失、机动车辆贬值损失、环境与社会损失等，可用式（7-1）来表示。

$$L = L_1 + L_2 + L_3 + L_4 + L_5 \tag{7-1}$$

式中，L 为噪声污染总损失，万元/年；L_1 为人体健康损失；L_2 为房地产贬值损失；L_3 为工作效率下降损失；L_4 为机动车辆贬值损失；L_5 为环境与社会损失。

A 人体健康损失

人体健康损失可用人力资本法来估算，分为直接损失和间接损失，直接损失包括疾病预防和医疗费用、死亡丧葬费用等，间接损失包括病人及护理家属的误工损失等，用式（7-2）来计算：

$$L_1 = - K_1 \times K_2 \times M \times (L_{11} + L_{12}) \tag{7-2}$$

式中，K_1 为交通干道两侧居住人口占城市总人口的比例；K_2 为大于 70dB 交通干道所占比例；M 为城市总人口数；L_{11} 为大于 70dB 区域人均多支付的医药费；L_{12} 为大于 70dB 区域人均误工损失费。

当受 70dB 以上噪声影响的范围是道路两侧各 50m 以内的区域时，医疗费用的增加通过式（7-3）和式（7-4）计算：

$$V_1 = a \times M \times f \tag{7-3}$$

$$a = \frac{S_{70}}{S} \tag{7-4}$$

式中，V_1 为医疗费用增加；a 为城市道路两侧受噪声值大于 70dB 影响人口的比例；M 为城市总人口；f 为因噪声污染支付的医疗费用，元/人；S_{70} 为受到 70dB 以上交通噪声影响区域的面积；S 为城市总面积。

心肌梗死过早死亡引起的损失可通过式（7-5）来计算：

$$V_2 = a \times G \times (30\% \times \beta) \times n \times p \tag{7-5}$$

式中，G 为城市职工总人数；p 为人均工资，元/天；n 为因噪声污染引发心肌梗死死亡的工作日损失，天/人；β 为常住人口死亡率，‰。INFRAS 和 IWW 等人认为噪声水平大于 70dB 时，心肌梗死死亡风险增加 30%，引起的工作日平均损失为 3 年（假设死亡者均为工作人口，每年的工作日以 250d 计）。

B　房地产贬值损失

房地产贬值损失采用资产价值法（HP 法）来估算，环境质量是影响房地产价值的重要因素，假设影响房地产价值的其他因素不变，可用环境质量的变化来估算噪声污染损失，见式（7-6）。

$$L_2 = K_1 \times K_2 \times K_3 \times K_4 \times M \times P \tag{7-6}$$

式中，K_1、K_2 同前；K_3 为人均住房面积；K_4 为住房售价贬值系数；M 为城市总人口数；P 为房屋平均售价。其中住房售价贬值系数可用噪声贬值敏感指数（NDSI）或邻近度贬值敏感指数（PDSI）来确定。Schipper 研究的 NDSL 值介于 0.2% ~ 1.3% 之间，PDSI 反映了房屋距离交通干线的距离对其价格贬值的影响程度，Strand 和 Vagnes 的研究表明，房地产与铁路干线距离小于 200m 时，PDSI 值为 0.04，距离小于 100m 时，PDSI 值为 0.102，所有 2152 个样本的 PDSI 值为 0.059。

C　工作效率下降损失

工作效率下降损失可以通过式（7-7）来计算：

$$L_3 = M \times K_2 \times P \times (M_1 \times L_{31} + K_1 \times M_2 \times L_{32}) \tag{7-7}$$

式中，P 为人力资本（区域人均国内生产总值）；M_1 为大于 70dB 的交通干道两侧脑力劳动者占城市总人口比例，可取 1.5%；M_2 为大于 70dB 交通干道两侧非脑力劳动者占城市总人口比例，可取 50%；L_{31} 为大于 70dB 交通干道两侧脑力劳动者工作效率下降系数，可取 8.8%；L_{32} 为大于 70dB 交通干道两侧非脑力劳动者工作效率下降系数，可取 5%。

D　机动车辆贬值损失

噪声可引起机动车的品质下降，价格和销量降低，造成较大的经济损失。机动车辆贬值损失可用式（7-8）计算：

$$E_v = N \times N_1 \times K_5 \tag{7-8}$$

式中，N 为每年生产的机动车数量；N_1 为机动车辆噪声水平超过限制标准的比例；K_5 为噪声水平超过限制标准引起的机动车售价贬值率，一般大于 10%。

E　环境与社会损失

环境与社会损失一般通过意愿调查评估法（CVM）进行估算，

对城市居民进行询问，得出居民忍受噪声污染的受偿意愿（WTA）或者愿意为减少噪声污染的支付意愿（WTP），作为噪声污染造成的损失值，下面介绍该法的应用。

7.6.1.2 意愿调查评估法

意愿调查评估法也称为权变价值法，根据受影响者对减轻损害给出的支付意愿开展价值评估，可用于非自由价格市场条件下的价值估算。CVM 法通过问卷调查方式，设置一定的背景，诱导人们作出改善噪声环境的支付意愿（WTP），计算出噪声污染损失，因此它是一个行为倾向，不是真正的市场交易行为，两者存在着本质差别。调查结果往往存在偏差，如重要暗示偏差，被访者对调查表理解程度造成的偏差，身份、收入水平导致的偏差，样本的代表性引起的偏差等。Feitelson 指出 CVM 调查的支付意愿（WTP）往往高于实际支付值 25%~33%，但在没有其他更好方法的情况下，CVM 法仍是目前应用较为普遍的估算方法。

7.6.1.3 防护费用法

防护费用是个人在自愿的基础上，为消除或减少噪声的影响而承担的费用。减少噪声污染所需的费用就是噪声污染损失，可用式(7-9)计算：

$$E = V \cdot Q \tag{7-9}$$

式中，V 为降低噪声污染所需费用；Q 为噪声污染程度。

7.6.1.4 成本效益法

Oertli 和 Waddmer 等人采用成本效益估算指数（CBI）估算噪声污染损失，CBI 是指噪声水平减少每分贝每人所付出的防治费用。通过考察采取降噪措施后噪声水平的降低和受益人数的关系，估算不同噪声水平下的 CBI 值。可通过式（7-10）计算 CBI 值。

$$\text{CBI} = \frac{\text{年防治费用}}{N[\, \text{dB(A)}_1 - \text{dB(A)}_2 \,]} \tag{7-10}$$

式中，dB(A)_1 为原噪声水平；dB(A)_2 为采取降噪措施后的噪声水平；N 为受益人数。

[**例题 7-1**] 试通过意愿调查价值评估法（CVM）估算某城市噪

声污染对人们带来的损失，并分析其影响因素。

操作步骤如下：

（1）设计调查问卷。调查问卷第一部分内容需要受访者填写基本信息，如年龄、性别、职业、教育程度、月收入和受噪声影响的程度；第二部分内容需要受访者填写支付意愿。问卷首先对被调查区域的噪声污染现状作一个总体的描述，如"随着城市工业和交通运输业的发展，噪声污染越来越严重，对人们的生活和工作都产生了很大的影响"，然后提出支付意愿，如"为了改善目前的噪声污染现状，使您拥有一个安静舒适的生活和工作环境，您是否愿意每月支付一定数额的金钱来实现"。若受访者回答愿意，直接写出最大支付意愿，若回答不愿意，则选择具体的原因，调查问卷中除了最大支付意愿外，其他问题都是提供选项供受访者选择。

（2）问卷发放回收和整理。确定调查问卷的发放对象，兼顾年龄、职业、居住区等，共发放 500 份，收回有效问卷 415 份，回收率为 94.5%，整理样本的基本信息，结果见表 7-10。

表 7-10 样本基本信息汇总表

变　量	分类	样本数	比例/%	支付比/%
性别	男	258	37.8	68.2
	女	157	62.2	76.4
年龄	20~29	237	57.1	67.9
	30~39	101	24.3	74.2
	40~49	59	14.2	76.3
	50~59	7	1.7	85.7
	>60	11	2.7	81.8
教育程度	专科及以下	214	51.4	71.5
	本科	165	39.8	70.9
	研究生	36	8.8	72.2

变 量	分类	样本数	比例/%	支付比/%
职业	个体	166	40.0	71.1
	企业	50	12.0	62.0
	教育	124	29.9	90.3
	公务员	75	18.1	46.7
月收入（元）	<2000	34	11.5	52.9
	2000~3000	183	44.1	68.3
	3000~4000	146	35.2	71.2
	>4000	38	9.2	96.8
噪声影响程度	轻度影响	119	28.7	58.0
	中度影响	233	56.1	71.2
	重度影响	63	15.2	96.8

调查样本每月支付水平频率分布图见图 7-1。

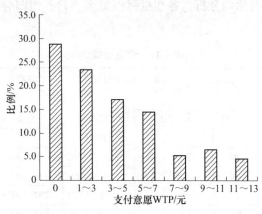

图 7-1 居民支付水平频率分布图

可以看出，问卷中零支付占 28.7%，随着支付额的增加所占比例总体呈降低趋势，最高支付额不超过 13 元/(月·人)。全部正

WTP 平均值为 5.11 元/（月·人），调查样本中有 28.7% 的零支付，精确的平均支付意愿需通过式（7-11）计算：

$$\overline{WTP} = WTP_{正} \times (1 - WTPR_{零}) \tag{7-11}$$

式中，$WTPR_{零}$ 为零支付比率，计算得出居民的平均支付意愿为 3.64 元/（月·人）。

（3）噪声污染损失估算。通过问卷调查和统计分析，愿意为噪声环境改善支付费用的居民占 71.3%，平均支付意愿为 3.64 元/（月·人），该城市当年的人口为 375.2 万人，总的支付意愿为 $3.64 \times 375.2 \times 10^4 = 16388.74 \times 10^4$ 元，那么当年噪声污染总的损失为 $12 \times 16388.74 \times 10^4 = 16388.74 \times 10^4$ 元 $= 16388.74$ 万元。

（4）影响因素分析。以居民支付意愿作为因变量，影响因素作为自变量进行回归分析，可通过 Logistic 回归分析探讨各因素对居民支付意愿的影响。把支付意愿中愿意支付定为 1，不愿意支付定为 0，把愿意支付的概率定为 P，不愿意支付的概率即为 $(1-P)$，将 $P/(1-P)$ 取自然对数得 $\ln[P/(1-P)]$，即对 P 作 Logit 转换，记为 $LogitP$，以 $LogitP$ 为解释变量，6 个影响因素为被解释变量，利用 SPSS 软件进行回归分析，各变量赋值见表 7-11，回归分析结果见表 7-12。

表 7-11　变量及赋值

变量及符号	选项	赋值	变量及符号	选项	赋值
性别 （Gen）	女	0	职业 （Occ）	个体	0
	男	1		企业	1
年龄 （Age）	20~29	连续变量		教育	2
	30~39			公务员	3
	40~49		月收入 （Inc）	<2000	连续变量
	50~59			2000~3000	
	60 以上			3000~4000	
教育程度 （Edu）	专科及以下	0		>4000	
	本科	1	噪声影响程 （Inf）	轻度影响	0
				中度影响	1
	研究生	2		重度影响	2

表 7-12　变量对居民支付意愿影响的 Logistic 回归结果

变量	系数	P 值	变量	系数	P 值	变量	系数	P 值
Gen1	−0.283	0.296	Occ1	−0.757	0.066	Inf1	0.575[①]	0.036
Age	0.042[①]	0.013	Occ2	1.771[②]	0.000	Inf2	3.366[②]	0.000
Edu1	0.326	0.252	Occ3	−0.934[①]	0.015	常量	−2.450[②]	0.004
Edu2	0.010	0.984	Inc	0.001[①]	0.017			

注：回归的卡方值为32.272，预测准确率为81.93%。

①$P<0.05$；②$P<0.01$。

可以看出，性别和教育程度对支付意愿均无显著影响。年龄对支付意愿有显著影响，随着年龄的增加支付意愿增强。职业对支付意愿有显著影响。月收入对支付意愿有显著影响，随着月收入的增加支付意愿增强，噪声影响程度对支付意愿有显著影响。随着影响程度的增加，支付意愿逐渐增强。

7.6.2　放射性污染风险评价

目前针对放射性的风险评价国内外做了很多的研究，评价方法仍然是以美国国家科学院（NAS）和美国环境保护局（US EPA）提供的方法为主。首先建立环境污染与人体健康的关系，计算污染物对人体健康造成的伤害及概率。

7.6.2.1　饮水摄入放射性核素风险评价

风险评价方法主要依据国际辐射防护委员会（ICRP）及 US EPA 提供的内照射剂量系数法，饮水摄入的放射性核素所致患癌风险可通过式（7-12）~式（7-14）来计算。

$$R = \sum_{i=1}^{k} R_i \tag{7-12}$$

$$R_i = DR \times D_i \tag{7-13}$$

$$D_i = C_i \times WU^a \times g^a \tag{7-14}$$

式中，R 为 k 种放射性核素导致的个人患癌年风险，a^{-1}；R_i 为第 i 种放射性核素导致的个人患癌年风险，a^{-1}；DR 为人群中由于辐射诱发癌症的死亡系数，Sv^{-1}；D_i 为第 i 种放射性核素通过饮水途径导致的人均年有效剂量，Sv/a；C_i 为第 i 种放射性核素的活度浓度，Bq/L；WU^a 为 a 年龄组人均年饮水量，L/a；g^a 为 a 年龄组的饮水途径摄入剂量的转换系数，Sv/Bq。

[例题 7-2]　某水体中放射性核素 A 和 B 的平均活度浓度分别为 2.62Bq/L 和 2.33Bq/L，幼儿、少年、成年的人均年饮水量（WU^a）分别为 400L/a、500L/a 和 730L/a，核素 A 对应的幼儿、少年和成年的剂量转换系数（g^a）分别为 2.6×10^{-7} Sv/Bq、1.0×10^{-7} Sv/Bq 和 6.3×10^{-8} Sv/Bq，核素 B 对应的幼儿、少年和成年的剂量转换系数分别为 1.2×10^{-6} Sv/Bq、8.4×10^{-7} Sv/Bq 和 7.4×10^{-7} Sv/Bq，诱发癌症的死亡系数 DR 取 1.25×10^{-2} Sv^{-1}，试计算核素 A 和 B 对幼儿、少年和成年的致癌风险。

解：将活度浓度 C_i、各年龄组人均年饮水量 WU^a、各年龄组转换系数 g^a 代入式（7-14）可计算出放射性核素的人均年有效剂量 D_i，再将 D_i 和癌症死亡系数 DR 代入式（7-13）计算得出放射性核素导致的个人患癌年风险 R_i，进一步计算个人患癌年风险 R。计算结果见表 7-13。

表 7-13　放射性核素对各年龄组的致癌风险

年龄分组	幼儿		少年		成人	
	A	B	A	B	A	B
活度浓度 C_i/Bq·L^{-1}	2.62	2.33	2.62	2.33	2.62	2.33
人均年饮水量 WU^a/L·a^{-1}	400	400	500	500	730	730
转换系数 g^a/Sv·Bq^{-1}	2.6×10^{-7}	1.2×10^{-6}	1.0×10^{-7}	8.4×10^{-7}	6.3×10^{-8}	7.4×10^{-7}
死亡系数 DR/Sv^{-1}	1.25×10^{-2}	1.25×10^{-2}	1.25×10^{-2}	1.25×10^{-2}	1.25×10^{-2}	1.25×10^{-2}
人均年有效剂量 D_i/Sv·a^{-1}	2.72×10^{-4}	1.12×10^{-3}	1.31×10^{-4}	9.79×10^{-4}	1.20×10^{-4}	1.26×10^{-3}
个人患癌年风险 R_i/a^{-1}	3.41×10^{-6}	1.40×10^{-5}	1.64×10^{-6}	1.22×10^{-5}	1.51×10^{-6}	1.57×10^{-5}
总风险 R/a^{-1}	1.74×10^{-5}		1.39×10^{-5}		1.72×10^{-5}	

7.6.2.2　土壤放射性核素风险评价

土壤放射性核素对生态环境产生的风险可通过潜在生态风险指数法来评价，详见第 5 章内容，对人体产生的健康风险评价可采用 US EPA 提供的经典四步法，即危害识别、暴露评估、剂量-反应关系、风险特征，详见第 2 章内容。

8 食品污染与健康风险评价

食品是构成人类生命和健康的三大要素之一，一旦受到污染，就要直接或间接地危害人们的健康。食品本身不应含有对人体健康有害的物质，但是在植物的种植、生长、收割，动物的饲养、宰杀、加工，以及食品的贮存、运输、销售和食用等环节中，由于人为原因或周围环境的因素，可能会使部分有毒有害物质或者致病菌污染食品，导致食品的营养价值降低，卫生质量难以达标，结果导致食品的污染。

8.1 食 品 污 染

食品污染按照污染物的性质可分为物理性污染、化学性污染和生物性污染三大类。

8.1.1 物理性污染

食品的物理性污染是指食品生产加工过程中的杂质超过规定的含量，或食品吸附、吸收外来的放射性核素所引起的食品质量安全问题。物理性污染物的来源主要有：

（1）食品生产、储存、运输、销售过程中被有毒有害物质污染，如粮食收割过程中混入草籽、食品容器中混入的杂物、食品运输和销售过程中掺入的灰尘及蝇蚊等。

（2）食品的掺假，如粮食中掺入的沙石、肉中注入的水、奶粉中掺入的糖等。

（3）食品的放射性污染。放射性物质的开采、冶炼、生产、应用及意外事故造成的食品污染。如小麦粉生产过程中，混入磁性金属物，鱼类、贝类等水产品对某些放射性核素有很强的富集作用等。放射性物质的污染主要是通过水及土壤污染农作物、水产品、饲料等，经过生物圈进入食品，并且可通过食物链转移。放射性核素对食品的污染有三种途径，即核试验沉降物的污染、核电站和核工业废弃物的污染、意外事故泄漏造成的局部性污染。

8.1.2　化学性污染

化学性污染是指有害有毒的化学物质进入食品所致，这些化学污染物包括农药、重金属、硝酸盐、苯并芘等，食用色素、防腐剂、发色剂、固化剂、抗氧化剂、食品添加剂以及食品包装用的塑料、纸张、金属容器等均可导致食品被污染。包装食品用的废报纸、旧杂志中含有多氯联苯，会进入食品；农田、果园中大量使用化学农药，用以杀虫和除草，部分农药会被粮食、蔬菜、水果所吸收；农业过量使用的化肥通过土壤进入植物体内；土壤中累积的重金属通过植物根系进入植物体内。化学物质进入食品的途径主要有环境污染、食品容器、包装材料和生产设备、工具的污染、食品运输过程的污染等。

8.1.3　生物性污染

生物性污染是指食品被细菌、真菌、病毒以及寄生虫等有害微生物所污染。这些微生物的个体非常微小，人的肉眼是看不见的，因此不易发觉。只有随着细菌、真菌的生长繁殖，食品发生腐烂、变质，或者味道、气味发生改变，人们才发现食品已经变质，如鸡蛋变臭、蔬菜烂掉、馒头发霉等。

污染食品的细菌种类繁多，如肠杆菌、黄色杆菌、变形杆菌等可以直接污染食品，也可通过餐具、容器、洗涤水等途径间接污染食品，使食品腐败变质。细菌可通过食品原料、食品加工、食品贮存（运输和销售）等途径对食品造成污染，常见的易污染食品的细菌有假单胞菌、微球菌和葡萄球菌、芽胞杆菌与芽胞梭菌、肠杆菌、弧菌和黄杆菌、嗜盐杆菌、乳杆菌等。

真菌的霉菌会产生毒素，毒性最强的是人们所熟悉的黄曲霉毒素，具有很强的致癌作用，会引起动物的原发性肝癌，肝癌发病率比正常高数十倍。英国科学家认为，乳腺癌可能与黄曲霉毒素有关，黄曲霉毒素可存在于发霉的花生、玉米、大米等食品上，也可存在于长时间不用的餐具上。

污染食品的寄生虫主要有蛔虫、绦虫、旋毛虫等，这些寄生虫一般都是通过病人、病畜的粪便污染水源、土壤，然后再使鱼类、水果、蔬菜受到污染，最后通过食物链进入人体。

8.2 食品污染物及危害

人们食用被污染的食品常会导致急性中毒、慢性中毒以及致畸、致癌、致突变的"三致"病变，下面介绍几种典型的食品污染物及其对人体的危害。

8.2.1 黄曲霉毒素

黄曲霉毒素（AFT）及其产生菌在自然界中分布广泛，有些菌株可能产生多种类型的毒素，也可能不产生任何类型的毒素。黄曲霉毒素是黄曲霉和寄生曲霉等某些菌株产生的双呋喃环类毒素，其衍生物大约有 20 种，分别命名为 B1、B2、G1、G2、M1、M2、GM、P1、Q1、毒醇等。动物食用黄曲霉毒素污染的饲料后，在肝、肾、肌肉、血、奶及蛋中均可测出一定量的毒素。

自 1962 年人类分离出黄曲霉毒素以来，就开始深入地研究它的毒性，发现其毒性比氰化钾强 10 倍，比眼镜蛇、金环蛇的毒汁还要毒，比剧毒农药 1605、1059 的毒性强 28~33 倍，一粒含有黄曲霉毒素 40μg、严重发霉的玉米，可使两只小鸭中毒死亡。黄曲霉毒素是被公认的一种诱发肝癌的物质，北京大学医学部曾用含有 20μg/kg 黄曲霉毒素的饲料喂养大鼠，一年后发现其患有肝癌。黄曲霉毒素 B1 可引起细胞错误地修复 DNA，导致严重的 DNA 诱变，还可抑制 DNA 和 RNA 的合成，从而抑制蛋白质的合成。

人体摄入大剂量的黄曲霉毒素后可出现肝实质细胞坏死、胆管上皮细胞增生、肝脂肪浸润及肝出血等急性病变。1974 年，印度西部两个邦 200 多个村庄以玉米为主食，当年雨水过多造成玉米严重霉变，村民食用霉变玉米后导致 397 人中毒，106 人死亡，其罪魁祸首就是黄曲霉毒素 B1。黄曲霉毒素的慢性毒性主要表现为生长障碍，肝脏出现亚急性或慢性损伤，体重减轻，诱发肝癌等。黄曲霉毒素污染的食品外观如图 8-1 所示。

图 8-1　黄曲霉毒素污染的食品

8.2.2　苯并芘

苯并芘（benzopyrene）是一种含苯环的稠环芳烃，分为苯并[a]芘（3,4-苯并芘）和苯并[e]芘（1,2-苯并芘），最多的是苯并[a]芘，英文缩写为 BaP，CAS 号为 50-32-8，化学式为$C_{20}H_{12}$，相对分子质量为 252.31。BaP 常温下为黄色粉末，难溶于水，微溶于有机溶剂。人们最早从煤焦油中分离发现了苯并芘，后来从煤烟、焦油、沥青、香烟烟雾中都检测出该物质，因其具有强烈的致癌作用，已被列入环境监测的常规项目。苯并[e]芘（1,2-苯并芘）是苯并[a]芘（3,4-苯并芘）的同分异构体，常存在于煤烟和焦油中。

苯并[a]芘一个最重要的来源就是烟熏食品（如图 8-2 所示）。经烟熏、烘烤形成的熏烤制品包括熏鱼片、烤肉、烤鸡、烤鸭、火腿、烤羊肉串等动物性食品，月饼、面包等糕点，熏烤、烘烤常用的燃料有煤、木炭、焦炭、煤气和电热等，燃烧产物与食品直接接触，直接污染食品。由于烘烤温度高，食品中的脂肪、胆固醇等成分在烹调加工时经高温热解或热聚，形成苯并[a]芘。烘烤过程中动物肉食所滴下的油滴中苯并[a]芘含量是动物食品本身的 10~70 倍，食品在烟熏和烘烤过程中发生焦烤或炭化时，苯并[a]芘的产生量显著增加，烟熏温度达到400~1000℃时，其产生量急剧增加。

图8-2　烟熏烧烤食品

早在1775年，伦敦市烟囱清扫工人的阴囊癌发病率较高，苯并芘的致癌性开始受到人们的关注。苯并芘可引发肺癌、胃癌、膀胱癌及消化道癌等多种癌症，大气中苯并[a]芘浓度和肺癌有直接的关系。苯并芘还具有致畸性和致突变性，能通过母体经胎盘影响后代的发育，引起胚胎畸形或死亡，还会导致幼儿的免疫功能下降。

8.2.3　食品添加剂

防腐剂能够抑制微生物活动，防止食品腐败变质，常用的防腐剂有苯甲酸、苯甲酸钠、山梨酸、山梨酸钾、丙酸钙等。防腐剂在安全使用范围内，对人体是无毒副作用的，但若使用不当会影响人体健康。

食品色素又称着色剂，可使食品赋予一定的色泽，改善食品的感官，常用的着色剂有数十种，按其来源和性质分为食品天然着色剂和食品合成着色剂两类。按照规定合理添加着色剂对人们的健康危害较小，但若违禁添加着色剂、甜味剂，长期食用将严重危害人体健康。如柠檬黄、胭脂红、糖精钠等都是违禁添加的着色剂或甜味剂。

膨松剂通常添加于焙烤食品中，如糕点、饼干、面包、馒头等，可以使食品的体积膨胀与结构疏松。过量使用膨松剂会影响人们的健康，尤其影响儿童骨骼和智力的发育。

兽药可用于预防、治疗、诊断动物疾病或者有目的地调节动物生理机能，动物源食品中的兽药残留逐渐成为人们关注的焦点。兽药残留分为驱肠虫药类、生长促进剂类、抗原虫药类、灭锥虫药类、镇静剂类、β-肾上腺素能受体阻断剂等。长期食用兽药残留超标的食品，会对人体产生多种急慢性中毒。国内外已有多起有关人食用盐酸克仑特罗超标的猪肺脏而发生急性中毒事件的报道，氯霉素的超标可引起致命的"灰婴综合征"反应，还会造成人的再生障碍性贫血，四环素类药物能够与骨骼中的钙结合，抑制骨骼和牙齿的发育，红霉素等大环内酯类可致急性肝毒性，氨基糖苷类的庆大霉素和卡那霉素能损害前庭和耳蜗神经，导致眩晕和听力减退，磺胺类药物能够破坏人体造血机能等。

动物机体长期反复接触某种抗菌药物后，其体内敏感菌株受到选择性的抑制，从而使耐药菌株大量繁殖；此外，抗药性 R 质粒在菌株间横向转移使很多细菌由单重耐药发展到多重耐药。耐药性细菌的产生使得一些常用药物的疗效下降甚至失去疗效，如青霉素、氯霉素、庆大霉素、磺胺类等药物在畜禽中已大量产生抗药性，临床效果越来越差。

8.2.4　其他

食品、蔬菜中超标的农残、重金属或硝酸盐等也会对人体产生较大的损害，这部分内容在第 5 章中做了详细的介绍，这里不再重复。

8.3　食品污染健康风险评价

食品中的污染物种类较多，包含多种有机物和无机物。不同的污染物，健康风险评价的方法也有所差别。

8.3.1　多环芳烃健康风险评价

有些食品中常含有较多的多环芳烃（PAHs），如熏制、烤制的肉类食品，对动物具有致癌作用。不同的 PAHs 均是由几个苯环连接而成，具有相似的致癌机理，通常以苯并［a］芘作为参考标准，规定其毒性当量因子（toxic equivalency factor，TEF）为 1，其他 PAHs 的 TEF 值见表 8-1。

表 8-1　不同 PAHs 的 TEF 值

PAHs	TEF	PAHs	TEF
萘 Nap	0.001	䓛 Chr	0.01
苊 Ace	0.001	苯并[b]荧蒽 BbF	0.1
芴 Flu	0.001	苯并[k]荧蒽 BkF	0.1
菲 Phe	0.001	苯并[a]芘 BaP	1
蒽 Ant	0.01	二苯并[a, h]蒽 DahA	5
荧蒽 Fln	0.001	苯并[g, h, i]芘 BghiF	0.01
芘 Pyr	0.001	茚并[1, 2, 3-c, d] 芘 InP	0.1
苯并[a]蒽 BaA	0.1		

食品中各种 PAHs 相当于 BaP 的毒性当量（毒性等效浓度）TEQ_{BaP} 通过公式（8-1）来计算。

$$TEQ_{BaP} = C_i \times TEF_i \qquad (8-1)$$

式中，TEQ_{BaP} 为不同 PAHs 换算为 BaP 的毒性当量，$\mu g/kg$；C_i 为第 i 种 PAHs 的质量浓度，$\mu g/kg$；TEF_i 为第 i 种 PAHs 的 TEF 值。

PAHs 对人体的致癌风险采用美国环保局（USA EPA）推荐的终生致癌风险（incremental lifetime cancer risk，ILCR）为度量指标，ILCR 是指一定时间内人体摄入一定剂量的致癌物而引起的癌症发生率，$ILCR < 10^{-6}$ 时，致癌风险可以忽略，$10^{-6} < ILCR < 10^{-4}$ 时，具有潜在的致癌风险，$ILCR > 10^{-4}$ 时，具有不可接受的致癌风险。ILCR 可通过式（8-2）来计算。

$$ILCR = \frac{TEQ_{BaP} \times DR \times CSF \times EF \times ED}{BW \times AT \times 10^6} \qquad (8-2)$$

式中，DR 为每天摄入的食品质量，kg/d；CSF 为苯并[a]芘的致癌斜率系数，$kg \cdot d/mg$；EF 为暴露频率，d/a；ED 为暴露年数，a；BW 为体重，kg；AT 为平均暴露时间，d。

8 食品污染与健康风险评价

[例题 8-1] 测定了某地区烧烤中 15 种多环芳烃的含量，见表 8-2，该地区每日烤肉摄入量（DR）为 300g，苯并[a]芘的致癌斜率系数 CSF 为 7.3kg·d/mg，EF 为暴露频率取 48d/a；暴露年数 ED 取 70a，成年人平均体重 BW 取 70kg，平均暴露时间 AT 取 70a（25550d）。试计算该地区烧烤导致的终生致癌风险。

表 8-2　烧烤中 15 种 PAHs 的含量　　　　　　（μg/kg）

PAHs	含量	PAHs	含量
萘 Nap	5.25	䓛 Chr	2.21
苊 Ace	5.13	苯并[b]荧蒽 BbF	1.52
芴 Flu	1.47	苯并[k]荧蒽 BkF	0.48
菲 Phe	4.56	苯并[a]芘 BaP	1.26
蒽 Ant	5.21	二苯并[a,h]蒽 DahA	0.28
荧蒽 Fln	4.68	苯并[g,h,i]芘 BghiF	0.78
芘 Pyr	5.38	茚并[1,2,3-c,d]芘 InP	1.88
苯并[a]蒽 BaA	3.21		

解：将每一种 PAHs 的含量和 TEF 值代入式（8-1），可计算出 TEQ_{BaP} 值，再将 TEQ_{BaP} 值和相关参数代入式（8-2），可得出 ILCR 值，见表 8-3。

表 8-3　烧烤导致的终生致癌风险

PAHs	含量/μg·kg^{-1}	TEF	TEQ_{BaP}/ng·kg^{-1}	ILCR
萘 Nap	5.25	0.001	5.25	$2.16×10^{-8}$
苊 Ace	5.13	0.001	5.13	$2.11×10^{-8}$
芴 Flu	1.47	0.001	1.47	$6.05×10^{-9}$
菲 Phe	4.56	0.001	4.56	$1.88×10^{-8}$
蒽 Ant	5.21	0.01	52.1	$2.14×10^{-7}$
荧蒽 Fln	4.68	0.001	4.68	$1.93×10^{-8}$
芘 Pyr	5.38	0.001	5.38	$2.21×10^{-8}$

PAHs	含量 /μg·kg⁻¹	TEF	TEQ_{BaP}/ng·kg⁻¹	ILCR
苯并[a]蒽 BaA	3.21	0.1	321	1.32×10⁻⁶
䓛 Chr	2.21	0.01	22.1	9.09×10⁻⁸
苯并[b]荧蒽 BbF	1.52	0.1	152	6.25×10⁻⁷
苯并[k]荧蒽 BkF	0.48	0.1	48	1.97×10⁻⁷
苯并[a]芘 BaP	1.26	1	1260	5.18×10⁻⁶
二苯并[a,h]蒽 DahA	0.28	5	1400	5.76×10⁻⁶
苯并[g,h,i]芘 BghiF	0.78	0.01	7.8	3.21×10⁻⁸
茚并[1,2,3-c,d]芘 InP	1.88	0.1	188	7.73×10⁻⁷

从表 8-3 可以看出，苯并[a]蒽 BaA、苯并[a]芘 BaP、二苯并[a,h]蒽 DahA 三种多环芳烃的 ILCR>10⁻⁶，具有潜在的致癌风险，其他 PAHs 的 ILCR 均小于 10⁻⁶，致癌风险可以忽略。

8.3.2 重金属的健康风险评价

一些粮食、蔬菜或水果中含有重金属元素，超标时会危害人体健康，重金属的健康风险评价可通过式（8-3）~式（8-5）来计算。

$$I_i = \frac{CF_i \times IR \times EF \times ED}{BW \times AT} \tag{8-3}$$

$$R_{i1} = \frac{I_i}{RFD_i} \tag{8-4}$$

$$R_{i2} = I_i \cdot IUR_i \tag{8-5}$$

式中，I_i 为化学物质 i 的平均日摄入量，mg/(kg·d)；CF_i 为食物中化学物质的浓度，mg/kg；IR 为食物的日摄入量，kg/d；EF 为暴露频率，d/a；ED 为暴露年限，a；BW 为成年人的平均体重，kg；AT 为平均时间，d；R_{i1} 为化学物质 i 导致的人体健康非致癌风险；RFD_i 为化学物质（非致癌物 i）的参考剂量，mg/(kg·d)；R_{i2} 为化学物质 i 导致的人体健康致癌风险；IUR_i 为化学物质（致癌物 i）的强度系数，mg/(kg·d)。

食品中化学物质风险值对应的风险等级见表8-4。

表8-4　风险值及风险分级

风险级别	非致癌物风险值	致癌物风险值
一级危险（轻度风险）	$0 \sim 5.5 \times 10^{-2}$	$5 \times 10^{-6} \sim 7 \times 10^{-6}$
二级危险（偏中度风险）	$5.5 \times 10^{-2} \sim 6.5 \times 10^{-2}$	$7 \times 10^{-6} \sim 8 \times 10^{-6}$
三级危险（中度风险）	$6.5 \times 10^{-2} \sim 7.5 \times 10^{-2}$	$8 \times 10^{-6} \sim 9 \times 10^{-6}$
四级危险（偏重度风险）	$7.5 \times 10^{-2} \sim 9.0 \times 10^{-2}$	$9 \times 10^{-6} \sim 10 \times 10^{-6}$
五级危险（重度风险）	$>9.0 \times 10^{-2}$	$>10 \times 10^{-6}$

[例题8-2]　某地粮食中铅的平均含量为0.068mg/kg，镉的平均含量为0.132mg/kg，该地区成人每天消费大米0.3kg，假设每年暴露350d，暴露年限为70a，铅的非致癌作用时间为365×30d，镉的致癌作用时间取365×70d，成年人的平均体重为70kg，试对铅的非致癌风险和镉的致癌风险进行评价，其中铅的 RfD_i 为0.014，镉的 IUR_i 为6.1。

解：铅和镉的 CF_i 分别为0.068mg/kg和0.132mg/kg，$IR = 0.3\text{kg/d}$，$EF = 350\text{d/a}$，$ED = 70\text{a}$，$BW = 70\text{kg}$，铅和镉的 AT 分别为10950d和25550d，$RfD_i = 0.014$，$IUR_i = 6.1$，将上述数据代入式（8-3），可算得铅和镉的平均日摄入量 I_i 分别为 $6.52 \times 10^{-4}\text{mg/(kg·d)}$ 和 $5.42 \times 10^{-4}\text{mg/(kg·d)}$，又知铅的参考剂量 RfD_i 为0.014，镉的强度系数 IUR_i 为6.1，分别代入式（8-4）和式（8-5）可算得铅的非致癌风险 R_{i1} 为 4.66×10^{-2}，为轻度风险，镉的致癌风险 R_{i2} 为 3.3×10^{-3}，为重度风险。

参 考 文 献

[1] 李永红，杨念念，刘迎春，等. 高温对武汉市居民死亡的影响［J］. 环境与健康杂志，2012，29（4）：303~305.

[2] 童世庐，吕莹. 全球气候变化与传染病［J］. 疾病控制杂志，2000（1）：17~19.

[3] 贺淹才. 全球变暖对人类健康的影响［J］. 广东科技，2002（12）：43~46.

[4] 张庆阳，琚建华，王卫丹，等. 气候变暖对人类健康的影响［J］. 气象科技，2007（2）：245~248.

[5] 国家卫生健康委员会. GB 5749—2022 生活饮用水卫生标准［S］. 北京：中国标准出版社，2022.

[6] 冯锦霞，朱建军，陈立. 我国地下水硝酸盐污染防治及评估预测方法［J］. 地下水，2006（4）：58~62.

[7] 朱其顺，许光泉. 中国地下水氟污染的现状及研究进展［J］. 环境科学与管理，2009，34（1）：42~44，51.

[8] 徐丽梅. 水中病原微生物的紫外线和氯消毒灭活作用机制研究［D］. 西安：西安建筑科技大学，2017.

[9] Omisakin F, MacRae M, Ogden I D, et al. Concentration and prevalence of Escherichia coli O157 in cattle feces at slaughter［J］. Applied and environmental microbiology，2003，9（5）：2444~2447.

[10] Todd E C D, Greig J D, Bartleson C A, et al. Outbreaks where food workers have been implicated in the spread of foodborne disease. Part 5. sources of contamination and pathogen excretion from infected persons［J］. Journal of food protection，2008，71（12）：2582~2595.

[11] 宋瀚文. 生活用水中风险污染物健康风险评价方法综述［C］∥海峡两岸膜法水处理院士高峰论坛暨第六届全国医药行业膜分离技术应用研讨会，2015：111~115.

[12] 薛鸣，金铨，张力群，等. 杭州市生活饮用水健康风险评价［J］. 预防医学，2019，31（1）：28~32.

[13] 符刚，曾强，赵亮，等. 基于 GIS 的天津市饮用水水质健康风险评价［J］. 环境科学，2015，36（12）：4553~4560.

[14] 梁爽，李维青. 乌鲁木齐市饮用水源地水环境健康风险评价［J］. 新疆农业科学，2010，47（8）：1660~1664.

[15] 王松松，王玖，刘磊，等. 烟台市城市饮用水源地水环境健康风险评价

[J]. 实用预防医学, 2020, 27 (6): 686~688.

[16] 陈艳, 朱彩明, 张锡兴, 等. 长沙市城市饮用水水质健康风险评价 [J]. 卫生监督管理, 2017, 14 (36): 149~150, 153.

[17] 刘洋, 赵玲, 于莉, 等. 郑州市饮用水源水环境健康风险评价 [J]. 河南农业大学学报, 2011, 45 (2): 247~250.

[18] 何星海, 马世豪, 潘小川, 等. 再生水用于绿化灌溉的健康风险评价研究 [J]. 给水排水, 2007, 33 (4): 33~37.

[19] 仇付国. 城市污水再生利用健康风险评价理论与方法研究 [D]. 西安: 西安建筑科技大学, 2004.

[20] 胥卫平, 曹子栋, 胡健. 西安市水污染人群健康损害评价 [J]. 西安电子科技大学学报 (社会科学版), 2004, 14 (2): 37~41.

[21] 李甲亮, 等. 环境工程新生研讨课导论 [M]. 徐州: 中国矿业大学出版社, 2017.

[22] 钱隆. 重度雾霾环境下篮球运动对人体心肺机能的影响研究 [J]. 环境科学与管理, 2018, 43 (3): 37~39.

[23] 任泉仲, 徐立宁, 徐明, 等. 大气细颗粒物导致呼吸系统疾病及相关生物机制的研究进展 [J]. 中国科学: 化学, 2018, 48 (10): 1260~1268.

[24] 罗鹏飞, 林萍, 周金意. 肺癌与大气污染关系的流行病学研究进展 [J]. 中国肿瘤, 2017, 26 (10): 792~797.

[25] 张云权, 吴凯, 朱慈华. 武汉大气污染与缺血性心脏病死亡关系季节差异 [J]. 中国公共卫生, 2015, 31 (7): 926~929.

[26] 吴少伟, 邓芙蓉. 大气 $PM_{2.5}$ 与健康: 从暴露、危害到干预的系统研究进展 [J]. 中国药理学与毒理学杂志, 2016, 30 (8): 797~801.

[27] 顾怡勤, 陈仁杰. 大气颗粒物与上海市闵行区居民心脑血管疾病死亡的病例交叉研究 [J]. 环境与职业医学, 2017, 34 (3): 220~223.

[28] Cannon J S. The health costs of air pollution: a survey of studies pubilished 1984~1989 [M]. Wanshington, DC: American Lung Association, 1990.

[29] Wijetilleke L, Karunaratne A R. Air quality management: considerationgs for developing counties [M]. Wanshington, DC: World Bank, 1995: 77~79.

[30] 周悦先, 李红. 洛阳市大气污染危害人体健康造成经济损失的评估 [J]. 环境与健康杂志, 1999, 16 (2): 65~67.

[31] 金银龙, 何公理, 刘凡, 等. 中国煤烟型大气污染对人群健康危害的定量研究 [J]. 卫生研究, 2002, 31 (2): 342~348.

[32] 王舒曼, 曲福田. 江苏省大气资源价值损失核算研究 [J]. 中国生态农业

学报，2002，10（2）：128~129.

[33] 韩贵锋，马乃喜.西安市大气 TSP 污染的健康损失初步分析 [J].西北大学学报（自然科学版），2001，31（4）：359~362.

[34] 秦耀辰，谢志祥，李阳.大气污染对居民健康影响研究进展 [J].环境科学，2019，40（3）：1512~1520.

[35] Carbonell L T, Ruiz E M, Gacita M S, et al. Assessment of the impacts on health due to the emissions of Cuban power plants that use fossil fuel oils with high content of sulfur Estimation of external costs [J]. Atmospheric Environment, 2007, 41 (10): 2202~2213.

[36] Mirasgedis S, Hontou V, Georgopoulou E. et al. Environmental damage costs from airborne pollution of industrial activities in the greater Athens, Greece area and the resulting benefits from the introduction of BAT [J]. Environmental Impact Assessment Review, 2008 (28): 39~56.

[37] 阚海东，陈秉衡，汪宏.上海市城区大气颗粒物污染对居民健康危害的经济学评价 [J].中国卫生经济，2004（2）：8~11.

[38] 钱孝琳，阚海东，宋伟民，等.大气细颗粒物污染与居民每日死亡关系的 Meta 分析 [J].环境与健康杂志，2005，22（4）：246~248.

[39] Ridker R G. Economics cost of air pollution: studies in measurement [M]. New York: Frederick A. Praeger, 1967.

[40] 桑燕鸿，周大杰，杨静.大气污染对人体健康影响的经济损失研究 [J].生态经济，2010（220）：178~179.

[41] 於方，过孝民，张衍燊，等.2004年中国大气污染造成的健康经济损失评估 [J].环境与健康杂志，2007，24（12）：999~1004.

[42] 陈仁杰，陈秉衡，阚海东.我国113个城市大气颗粒物污染的健康经济学评价 [J].中国环境科学，2010，30（3）：410~415.

[43] 杨开忠，白墨，李莹，等.关于意愿调查价值评估法在我国环境领域应用的可行性探讨——以北京市居民支付意愿研究为例 [J].地球科学进展，2002（6）：420~425.

[44] 曹洁.山西省空气污染对人体健康经济损失的计算 [J].太原理工大学学报，2004，35（1）：86~88.

[45] 刘玉杰，谷槐英，陈煜.中国省际大气污染与健康经济损失相关分析[J].中国医药导报，2021，18（24）：183~187.

[46] 单长青，李甲亮，李超.黄河三角洲可吸入颗粒物造成的居民健康经济损失估算 [J].中国农学通报，2012，28（26）：277~280.

［47］刘晓云，谢鹏，刘兆荣，等．珠江三角洲可吸入颗粒物污染急性健康效应的经济损失评价［J］．北京大学学报：自然科学版，2010，46（5）：829~834.

［48］郭新彪．我国空气质量标准修订的历史及大气污染与健康问题的变迁［J］．环境卫生学杂志，2019，9（4）：309~311.

［49］Tang X J，Bai Y，Duong A，et al. Formaldehyde in China：production，consumption，exposure levels，and health effects［J］．Environ Int，2009，35（8）：1210~1224.

［50］梁晓军，施健，赵萍，等．中国居民室内甲醛暴露水平及健康效应研究进展［J］．环境卫生学杂志，2017，7（2）：170~181.

［51］李丹丹，王寅，徐春生，等．青岛市居民室内空气污染现状［J］．环境卫生学杂志，2020，10（3）：243~248.

［52］曹杰．建筑材料与室内空气污染［J］．山西建筑，2002，28（3）：91~92.

［53］殷鹏，蔡玥，刘江美，等．1990与2013年中国归因于室内空气污染的疾病负担分析［J］．中华预防医学杂志，2017，51（1）：53~57.

［54］孙庆华，杜宗豪，杜艳君，等．环境健康风险评估方法第五讲风险特征（续四）［J］．环境与健康杂志，2015，32（7）：640~642.

［55］王政，张金萍，张佳琳，等．商业类不同功能公共场所室内甲醛浓度水平及健康风险评价［J］．建筑科学，2021，37（4）：156~161.

［56］张莉萍，倪骏，郑毅鸣，等．上海市大型展会部分室内空气污染物分布特征与健康风险评价［J］．环境与职业医学，2021，38（5）：489~493.

［57］张春光．重庆点式高层住宅冬季环境及健康风险评价［D］．重庆：重庆大学，2017.

［58］刘建龙，谭超毅，张国强，等．湖南省4城市住宅室内环境健康风险评价［J］．环境与职业医学，2008（4）：375~377.

［59］闫晓娜，彭靖，王永星，等．河南某县公共场所甲醛污染状况及健康风险评估［J］．中国卫生检验杂志，2022，32（1）：95~97，101.

［60］高歌，张学艳，王兴雯，等．长春市室内甲醛污染及环境健康风险评估［C］//中国环境科学学会学术年会论文集，2017.

［61］李滋滋，程艳丽，颜敏，等．贵阳市室内空气中苯和甲醛的健康风险评价［J］．环境与健康杂志，2008，25（9）：757~759.

［62］孟川平，杨凌霄，董灿，等．济南冬春季室内空气 $PM_{2.5}$ 中多环芳烃污染特征及健康风险评价［J］．环境化学，2013，32（5）：719~725.

［63］范洁，樊灏，沈振兴，等．西安市新装修公共场所空气污染物浓度分析及

健康风险评价［J］.环境科学，2021，42（5）：2153~2158.

［64］王荀，庄武毅，蔡文，等.深圳市龙岗区公共场所空气中甲醛对从业人员的健康风险评价［J］.华南预防医学，2016，42（5）：431~434.

［65］孙芳，刘俊玲，何振宇.武汉市新近装修住宅中甲醛污染特征及健康风险评价［J］.中国卫生检验杂志，2015，25（7）：1043~1045.

［66］顾天毅.兰州市室内典型挥发性有机物污染特征及其健康风险评价［D］.兰州：兰州大学，2018.

［67］郭敏，裴小强，沈学优.杭州市新装修室内空气中苯的污染现状及健康风险评价［C］//第六届全国环境化学大会，2011.

［68］冯文如，于鸿，郑睦锐，等.广州市室内环境中苯和甲醛的健康风险评价［J］.环境卫生学杂志，2011，1（6）：7~10.

［69］陈栋，杨洋，罗慧敏，等.基于健康风险评价模型对六安市公共场所室内甲醛暴露的研究［J］.华南预防医学，2021，47（1）：67~73.

［70］林海鹏，谢满廷，武晓燕，等.宣威市空气中多环芳烃污染健康风险评价对比研究［J］.环境与健康杂志，2010，27（6）：511~513.

［71］梁晓军，张建新，孙强，等.昆山市公共场所空气甲醛暴露及健康风险评价［J］.环境卫生学杂志.2016，6（4）：275~279.

［72］康春景，魏长雨，高轩，等.土壤重金属污染修复及效果评价研究进展［J］.中国金属通报，2019（11）：152~153，155.

［73］陈雅丽，翁莉萍，马杰，等.近十年中国土壤重金属污染源解析研究进展［J］.农业环境科学学报，2019，38（10）：2219~2238.

［74］孔令姣.石油污染土壤的生物修复及细菌多样性研究［D］.兰州：兰州理工大学，2017.

［75］余薇.石油降解微生物的筛选及其降解特性的研究［D］.武汉：华中农业大学，2013.

［76］权桂芝.土壤的农药污染及修复技术［J］.天津农业科学，2007（1）：35~38.

［77］姚梦琴.植物-微生物联合修复农药污染土壤的技术研究［D］.沈阳：沈阳工业大学，2017.

［78］于斌.农用地健康评价研究——以河南省濮阳市部分县域为例［D］.开封：河南大学，2013.

［79］郭高丽.经环境污染损失调整的绿色GDP核算研究及实例分析［D］.武汉：武汉理工大学，2006.

［80］崔文奇.辽宁省环境污染经济损失的核算及其影响因素分析［D］.沈阳：

东北大学, 2016.

[81] 杨青廷, 高露, 谭淼, 等. 电离辐射对人体健康影响的评价方法研究 [C] // 第八届海峡两岸毒理学研讨会, 2015.

[82] 唐明灯. 光污染——美丽外衣下的环境杀手 [J]. 中国国家地理, 2012.

[83] 单长青, 李甲亮, 李超, 等. 基于 CVM 的黄河三角洲城市噪声环境质量改善的居民支付意愿研究 [J]. 生态科学, 2012, 31 (3): 340~344.

[84] 秦欢欢, 高柏, 黄碧贤, 等. 拉萨河放射性核素 238U 和 232Th 分布特征及健康风险评估 [J]. 生态毒理学报, 2021, 16 (4): 260~270.

[85] 丁晓雯, 柳春红. 食品安全学 [M]. 北京: 中国农业大学出版社, 2011.

[86] 谭顺中, 程燕, 阳文武, 等. 烤肉中多环芳烃的污染情况和健康风险评价 [J]. 食品添加剂, 2019, 40 (9): 213~217.

冶金工业出版社部分图书推荐

书　名	作　者	定价(元)
基因工程实验指导	朱俊华	36.00
微生物学	高　旭	49.00
天然药物化学实验指导	孙春龙	16.00
环境科学与工程专业英语	王淑勤	30.00
碳循环与碳减排	付　东	35.00
环境工程综合实验教程	齐立强	42.00
环境工程实验	潘大伟	20.00
建设项目环境影响评价	段　宁	69.00
环境监测与实训	邹美玲	20.00
环境监测创新技能训练	陈井影	28.00
环境监测技术与实验	李丽娜	45.00
水处理工艺设计基础	隋　涛	49.00
水污染控制技术	李　歆	39.00
有害气体控制工程	陈　岚	49.00